有色金属行业教材建设项目

普通高等教育勘查技术与工程专业精品教材

U0747773

勘查技术与工程专业（物探方向）实习指导书

李静和 程 勃 张 智 欧东新 王洪华 丁彦礼 区小毅◎编著

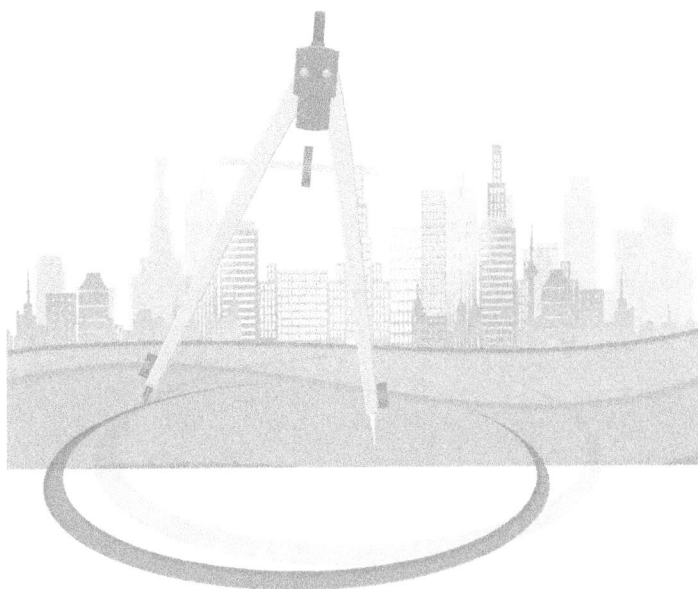

中南大学出版社
www.csupress.com.cn
·长沙·

内容简介

　　本书介绍了勘查技术与工程专业(物探方向)教学与生产实习中的安全教育、物探设计、野外工作方法和技术、资料整理、成果解释和报告编写等一整套实践性工作内容。

　　在实习目的与要求中介绍了该课程最新修订培养大纲内容；物探野外实习过程安全工作基本常识；各种实习涉及的物探方案设计；测网测地工作相关要求；工程物探、矿产物探相关方法技术实施细节，包括电法勘探、地震勘探、重磁勘探及放射性勘探；物探图示资料要求及物探报告的基本格式要求。

　　本书可作为勘查技术与工程(物探或其他相近勘查领域)专业及地球物理学专业本科生的教材、研究生的参考书，亦可供相关专业人员参考。

前 言

为加强勘查技术与工程专业(地球物理勘探方向,简称"勘技物探")学生实践性教学环节,我们按照调整后的勘技物探专业物探生产实习大纲编写了这本实习指导书。

物探教学与生产实习是勘技物探专业教学计划中的主要教学环节之一,安排在第四学年上半学期进行。实习前学生已完成电法勘探、地震勘探、重磁勘探等主要物探专业课程的学习。由于电法、地震、磁法是较常用的物探方法,实习内容也主要围绕这3门课程进行。如实习与科研工作有关,还可能涉及一些没有学过的地质雷达技术、管线探测技术等,指导教师应向学生简要介绍有关的理论知识。基于物探专业实习的特性,本书特别增加了实习过程会涉及的物探野外安全工作基本常识内容。

本书主要内容包括:实习目的与课程相关要求,明确实习预期达到的教学目标、教学设计及涵盖的教学内容、结课材料相关要求;物探野外实习过程中的安全工作基本常识,包括野外安全工作的内涵、规定,实习教师、学生各主体安全职责范围,野外物探仪器安全操作规程,野外遇险防范与应急措施,环境卫生保护等;物探项目设计,为实习涉及的各种物探项目进行方案设计;测网测地工作,为采集物探数据明确测网及相关要求;工程物探、矿产物探相关方法技术实施细节,包括电法勘探、地震勘探、重磁勘探及放射性勘探;物探图示资料要求及物探报告的基本格式要求。

该书是在桂林理工大学地球科学学院勘查技术与工程教研室教师历年编写的实习指导材料基础上进行汇总、增补、修改后重新编写的。对本书文字内容、插图绘制及格式编排作出贡献者,笔者在此一并表示感谢;对引用的一些教材和论文、专著中的内容及插图等,亦在此表示感谢。

本书得到国家自然科学基金项目(42274152、42464003)、桂林理工大学"勘查技术与工程国家级一流本科专业建设点"、校级勘查技术与工程课程思政示范课建设(生产实习)项目、校级勘查技术与工程—一流本科课程(线下)建设(地球物理数据处理与解释)项目及"地质资源与地质工程"广西一流学科建设经费联合资助。

由于笔者水平有限,书中难免有不妥之处,恳请广大读者指正。

编著者
2024 年 8 月 30 日

目 录

第一章　物探教学与生产实习的目的和要求

第一节　实践性质、目的、任务

一、实践性质

勘查技术与工程专业（物探方向）教学与生产实习是本专业学生的集中性实践课程，是锻炼学生工程实践能力非常重要的一个实践环节。在进行本课程前，学生应具有本专业所必需的数、理、化基础知识和一定的地质基础知识、测量基础知识、电工电子学基础知识，并完成了大部分专业理论和实验课程，同时在理论和实践方面基本掌握重力、磁法、电法、地震、放射性和其他物探相关知识。

二、实践目的

使学生在实践中进一步消化、巩固课堂中学到的理论知识，提高实践技能和应用理论解决复杂工程问题的能力；提高学生对专业的认识，锻炼学生吃苦耐劳的精神，为学生毕业实习和今后的工程生产实践打下基础。

三、实践任务

1. 在勘查技术野外教学实习过程中，学生应学会各种物探仪器的使用方法，掌握物探野外工作方法、技术及资料处理、解释能力，并能解决物探工作中遇到的各方面的问题；

2. 在勘查技术野外教学实习过程中，学生应掌握地面高精度磁法、直流电阻率法、激发极化法、电磁法、地震法、放射性方法、管线探测方法等方面的设计、数据采集、资料处理、异常定性分析及定量解释的方法，初步具备使用计算机解决简单的正、反演计算问题的能力；

3. 在勘查技术野外教学实习过程中，应注重培养学生独立分析和解决问题能力和团队协作能力；

4. 实习结束后，学生应具备应对物探工程项目中各种工作内容的能力。

第二节　实践的基本要求

1. 了解勘查技术与工程（物探）在国内外建设中应用的历史、现状和发展方向，了解勘查技术与工程（物探）在国内建设中的应用及取得的成就，培养学生的爱国情怀、自豪感、诚信敬业精神和推动社会进步的责任感。

2. 能够分析勘查工程项目中涉及的重要经济与管理因素，综合考虑工程中的影响因素，从而选择合理的方案来完成复杂勘查工程项目的设计、组织、实施及管理。

3. 能够基于地球物理的专业知识和科学原理，根据工程特点，选择研究方案，设计可行的实验方案。

4. 能够用成果图件和报告等形式，呈现勘查技术与工程中需要的各种成果；能够依据行业规程就复杂工程问题撰写设计文稿和成果报告，并能清楚表达和发言交流。

5. 能够通过综合分析和解释，获得合理有效的结论。

6. 能够通过勘查技术野外教学实习，锻炼工程实践和自主学习能力。

7. 能够通过勘查技术野外教学实习，学习和强化与勘查工程相关的技术标准、法律法规及工程项目管理知识，理解工程伦理的核心理念，了解工程师的职业性质和职责；在工程实践中，能够自觉遵守职业道德和规范，具有法律意识。

8. 能够通过勘查技术野外教学实习，锻炼团队协作意识和独立完成团队分配工作的能力，具备主动与其他学科成员合作并开展工作的意识。

9. 能够针对勘查工程项目，评价其资源利用率、污染物处理和安全防范措施，判断工程实施过程中可能对人类和环境造成损害的隐患。

第三节　实践内容和学时分配

一、内容与课时

实习内容包括各种物探方法，实习时间为 8 周，有效工作日为 36 天。其中，出队、野外工作准备、踏勘和工作方案制定时间为 3 天，资料解释时间为 2 天，报告编写时间为 5 天，其余 26 天为物探野外工作时间。工作时间安排如下：

1. 电阻率剖面法 2 天。
2. 电阻率测深法 2 天。
3. 瞬变电磁法 1 天。
4. 频率测深法 2 天。
5. 激发极化法 1 天。
6. 高密度电法 2 天。
7. 地震折射波法 2 天。
8. 地震反射波法 1 天。
9. 地震映像 1 天。
10. 地震面波法/微动勘探 1 天。
11. 高精度磁测 1 天。
12. 管线探测与地质雷达 2 天。
13. 放射性勘探 1 天。
14. 重力勘探 1 天。
15. 机动时间 6 天。

二、实习主要内容和要求

(一) 实习内容 1：实习动员和准备

1. 开展实习动员工作，讲解实习重要性、安排、要求和考核等相关内容；
2. 进行安全和相关法律、法规教育；
3. 强调吃苦耐劳、敬业和诚信精神的教育和培养；
4. 讲解实习相关内容。

(二) 实习内容 2：实习仪器准备和实习材料整理

1. 实习相关仪器的整理要求；
2. 实习相关仪器的管理和维护要求；
3. 实习相关耗材的整理和购买。

(三) 实习内容 3：各种物探工作方法的教学

1. 在校内实习场地进行相关物探仪器的操作教学；
2. 进行相关物探野外数据采集方法的教学和训练。

(四) 实习内容 4：直流电法部分

1. 直流电法的野外工作设计理念、基本原则和方法；
2. 电阻率剖面法：以联合剖面和对称四极装置为主，如果时间允许，可以设计其他工作装置；
3. 电阻率测深法：在电阻率剖面法的基础上，选择异常或测线中间测段，采用对称四极测深法进行电阻率测深的数据采集工作；
4. 高密度电阻率法：以对称四极装置和三极装置为主，如果时间允许，可以设计其他工作装置；
5. 激发极化法：首先以中间梯度法进行扫面，在扫面的基础上，圈定异常区，以对称四极装置进行激电测深工作。

(五) 实习内容 5：交流电法部分

1. 交流电法的野外工作设计理念、基本原则和方法；
2. 瞬变电磁法：以重叠回线或中心回线方法为主进行数据采集；
3. 频率域电磁法：以音频大地电磁法为主进行数据采集，在时间和条件允许的情况下，可以以可控源音频大地电磁法开展工作。

(六) 实习内容 6：地面高精度磁测

1. 地面高精度磁测的野外工作设计理念、基本原则和方法；
2. 开展日变测量工作；
3. 按照地面高精度磁测规范开展地面高精度磁测工作，并且要进行多条测线的测量，以形成面积性的工作。

（七）实习内容 7：地震勘探部分

1. 地震勘探的野外工作设计理念、基本原则和方法；
2. 工作区干扰剖面调查；
3. 地震折射波法：以相遇追逐观测系统开展地震折射波数据采集工作；
4. 地震反射波法：以反射波水平叠加技术方法开展反射波数据采集工作；
5. 地震映像法：根据场地实际情况，以 4 Hz、38 Hz 和 100 Hz 中的两种频率检波器开展地震映像数据采集工作；
6. 地震面波法或微动勘探：在设计的点距的基础上，以连续或部分重叠排列的形式开展面波数据调查工作，并且每个面波点尽量完成一大一小两个偏移距的数据采集。

（八）实习内容 8：放射性勘探

1. 放射性勘探的野外工作设计理念、基本原则和方法；
2. 放射性勘探要求开展测氡法和能谱测量数据采集，如果条件和时间允许，可以开展其他相关放射性测量工作。

（九）实习内容 9：地质雷达与管线探测

1. 开展管线探测实习工作，采用地质雷达和管线探测仪开展实习场地的管线探测；
2. 地质雷达方法要求以共偏移距方法开展调查工作；
3. 利用管线探测仪进行管线探测时，根据实习场地的实际条件，建议采用充电法、感应法和夹钳法开展管线调查工作。

（十）实习内容 10：地面重力测量

1. 地面重力测量的野外工作设计理念、基本原则和方法；
2. 开展重力基点测量工作；
3. 按照地面重力测量规范开展地面重力测量工作，并且要进行多条测线的测量，以形成面积性的工作。

（十一）实习内容 11：资料整理、解释和报告撰写

1. 学生在实习指导教师的指导下，在阴雨天无法开展野外工作时或野外工作结束之后，集中开展资料的整理、解释和报告撰写工作；
2. 数据处理和解释要求符合国家相关规范、规程；
3. 实习报告要求条理清楚、文辞通顺、概念正确、图表齐全美观、书写格式规范。

第四节　组织方式

1. 勘查技术野外教学实习采用集中组织、实习基地统一安排、分组实践的方式进行。
2. 实习期间，学生必须按照小组实习安排认真完成各方面的工作，并记录每天的实习内

容，记录(传输)并保存当天采集的数据，并对数据进行简单的处理。

3.指导教师要组织好本组的学生，并调动学生主动参与的积极性，使学生发挥团队协作精神，保质保量完成每天的实习计划。

4.现场教学指导。

(1)现场教学的方式主要为现场讲课、现场演示、启发提问、试验和讨论等。

(2)现场教学的主要内容是物探工作设计、施工程序以及有关方法技术问题，学生在实习中遇到的问题也应作为现场教学的内容。

(3)在进行每一项实习内容之前，教师应组织学生学习本指导书的有关章节和物探规范，了解规范内容，弄清规范原理与依据。学生应针对实习内容，复习教科书的有关内容，做好基础理论知识和专业理论知识准备。

第五节 实践地点

实习地点：校内工程实践基地、功能实验室及野外实习基地。

第六节 考核方式、成绩评定方式

一、计分标准

学生的勘查技术野外教学实习成绩由指导教师评定，采用五级评分标准：

优秀(90~100分)、良好(80~89分)、中等(70~79分)、及格(60~69分)、不及格(<60分)。

二、评分权值和指标

勘查技术野外教学实习评分权值和指标见表1-1。

表1-1 勘查技术野外教学实习评分权值和指标

序号	项目	权值/%	指标
1	实习记录	10	完成学生实习期间的实习记录，要求每个学生每天都要记录，指导教师每天应该抽查或全部检查学生的实习记录，并评定成绩
2	野外数据采集表现	20	从团队合作、实践操作、积极性、吃苦耐劳精神、实践能力等方面进行评价，每周应该评价一次
3	数据处理表现与能力	10	从数据处理参与度、数据处理能力等方面评价，应根据平时和集中数据处理阶段分别进行评价
4	物探图件处理与解释	20	根据报告中图件的质量和解释的合理性进行评定
5	实习报告	40	能独立完成报告的编写，报告应符合地球物理科技论文编写要求，条理清楚、文辞通顺、概念正确、图表齐全美观、书写格式规范

三、评分标准

1. 优秀：实习过程中，能坚持和体现社会主义核心价值观；实习认真、刻苦，具有严谨的科学作风；实习记录和数据处理符合规范、正确、美观，符合地质、地球物理实际和规律；野外和室内独立工作能力均较强；实习报告条理清楚、文辞通顺、概念正确、图表齐全美观、书写格式规范；报告反映出撰定人具有扎实的专业基础理论水平和较强的综合分析问题的能力，对某些问题具有独到的见解，水平较高。

2. 良好：实习过程中，能坚持和体现社会主义核心价值观；实习认真、刻苦，具有较严谨的科学作风；实习记录和数据处理均符合规范、正确、较美观，较符合地质、地球物理实际和规律；具有一定的野外和室内独立工作能力；实习报告条理清楚、文辞通顺、概念较正确、图表齐全美观、书写格式较规范；报告反映出撰写人具有较好的专业基础理论水平和一定的综合分析问题的能力，且对某些问题具有一定的见解。

3. 中等：实习过程中，能坚持和体现社会主义核心价值观；实习较认真、刻苦，具有一定的科学态度；实习记录和数据处理基本符合规范、较正确（有个别错误），基本符合地质、地球物理实际和规律；野外和室内独立工作能力一般；实习报告条理较清楚，有个别概念错误，图表齐全，书写格式基本规范；报告反映出撰写人专业基础理论水平和综合分析问题的能力一般。

4. 及格：实习过程中，能坚持和体现社会主义核心价值观；在指导教师的指导和帮助下，能按时完成实习各种任务和提交实习报告，实习记录和数据处理、解释尚符合规范，错误较多，但通过教师指导能进行改正；野外和室内独立工作能力较差；实习报告条理尚可，文词欠通顺，有概念错误，图表齐全，但质量欠缺，书写格式基本达到规范要求；在运用专业知识的过程中，无原则性错误，实习报告基本上达到了要求。

5. 不及格：实习过程中，未能坚持和体现社会主义核心价值观；经指导教师的指导仍未按时完成实习各种任务和提交实习报告，实习记录和数据处理、解释，无论是数量和质量均有严重问题；基本上不能独立开展野外和室内工作；实习报告思路不清、文理不通、概念模糊、图表不全、质量很差、书写潦草；基本上不能运用专业知识；实习未达到最基本要求。

学生在实习期间如有下列情况者，其成绩为不及格：

(1)有抄写其他同学报告、实习记录、小结，复制其他同学图表等严重抄袭行为。

(2)无故不参加实习(包括野外和室内)时间 3 天以上(含 3 天)；

(3)实习期间因病、因事请假达实习时间 1/3 以上；

(4)实习期间因违纪受到严重警告以上(含严重警告)。

第二章 物探野外工作基本常识

物探野外工作总体上囊括工区踏勘、测网布置及数据采集环节，而上述工作环节所涉及的环境可能包括山区、林区、高原地区、荒漠地区、沼泽地区、水系发育地区、岩溶发育地区及旧矿、老窿分布区等，物探野外工作环境是我国最艰苦的工作环境之一，物探野外工作的性质决定了其工作目的地往往远离城镇，交通不便，且工作流动性大、高度分散，条件十分艰苦。对于物探工作者而言，经常会面临野外艰苦的工作环境和不可预估的各种突发情况，因而，熟知物探野外工作基本常识、遵循"三不损害"原则（一不损害自己；二不损害别人；三不要让别人损害自己），对于顺利完成物探野外工作任务是非常重要的。

第一节 野外安全工作

一、野外安全工作教育

野外安全工作，按照国家安全生产"安全第一、预防为主、综合治理"的指导方针，就是要做到不伤害自己、不伤害他人、不被他人伤害，培养物探安全工作意识，提高野外工作自觉性。物探野外现场的安全风险是指施工环境中和施工期间客观存在的，可能导致经济损失和人员伤亡的一切因素，其受到现场客观条件和主观因素的影响，具有较大的随机性。

（一）野外工作安全风险

如何预防及杜绝安全事故？安全风险的及时识别、有效对策的及时制定及有效实施是避免野外工作安全事故的关键。其中，风险识别是指认识损失或伤害发生的可能性，确认风险发生的根源、性质及范围，即危险源，包括确认导致损失或伤害的危险源的直接原因，如长期或临时生产、加工、搬运、使用或存储等；还包括评估危险源可能导致的火灾、爆炸、触电、机械伤害等事故的一种或者多种结果。

为针对不同安全风险作出及时、行之有效的应对策略，并有效实施相应的风险对策，野外工作人员主要需要考虑人员、设备、环境及管理四方面的因素。其中，人员、设备、环境是导致安全事故的主要因素，如人员因素包括现场施工人员和技术管理人员不规范操作等情况，设备因素包括磨损老化及安全防护缺失等情况，环境因素则包括异常自然环境（岩石、地质、水文及气候等）及工作环境（噪声、振动、温度及照明等）变化等情况；安全事故发生与否也受管理状态影响，如技术流程缺陷、组织不合理、违规操作、安全培训工作不足等。上述四种因素之间相互联系、相互制约。

物探野外工作人员由于在野外工作的时间长，缺乏持续的安全意识和自我保护意识，存在安全意识逐渐降低的问题。再者，由于野外工作人员流动性大和管理不到位，人员安全意识不到位的情况更加严重。安全教育主要从思想教育和技术教育两方面入手，思想教育方面，要经常对工作人员进行安全生产政策、法规和法律的教育，并结合物探单位或者项目任务在安全生产方面的安全实例和经验教训，多元化地提高人员的安全意识；技术教育方面，则主要对工作人员进行本专业、本项目的安全技术、操作规范等多方面教育，最终使他们达到思想上时时有强烈的安全意识，技术上又熟知相关的安全技术知识的教育目的。

（二）野外工作安全责任

安全生产责任制，是按照"安全第一，预防为主"的安全生产方针和"管生产的同时必须管安全"的原则，将各级负责人员、各职能部门及其工作人员和各岗位生产工人在职业健康安全方面应做的事情和应负的责任加以明确规定的一种制度。安全生产责任制是岗位责任制和经济责任制的重要组成部分，是生产经营单位各项安全生产规章制度的核心，也是最基本的安全管理制度。安全生产责任制把"安全生产，人人有责"从制度上规范了起来。建立一个完善的安全生产责任制的总要求是横向到边、纵向到底，并由生产主管单位的主要负责人组织建立。

以物探教学与生产实习野外工作为例，实习队长对教学与生产实习野外工作整个环节的安全负责、实习教师对其负责的教学与生产实习野外工作方法项目实施过程的安全负责、实习学生对自身开展教学与生产实习野外工作方法各个项目实施的过程负责，由此，以实习队长、实习教师及实习学生为核心组成了安全责任"金字塔"的管理制度，该制度以顶层安全管理为主、中层执行管理为辅、底层学生恪守安全责任为基础，确保在"不伤害自己，不伤害他人，不被他人伤害"原则下安全进行野外实习工作。

实习队长、实习教师及实习学生各自的具体安全责任如下：

1. 实习队长安全责任

实习队长在学校和学院领导下，履行教学与生产实习野外工作安全管理职责，负责教学与生产实习野外安全管理工作：

（1）认真贯彻执行国家和上级有关安全生产的法律、法规，全面负责教学与生产实习野外安全工作，是教学与生产实习野外安全工作第一负责人。

（2）严格执行学校教学实践活动及专业教学实践课程野外工作的各项规定和措施、岗位标准及各项制度，经常检查各项实习活动安全规定、制度的落实执行情况，发现问题并及时督促实习教师、实习学生改正。

（3）负责教学与生产实习野外安全工作管理，按实习计划要求按期保量安排各项教学与生产实习野外工作项目，对实习整体实施过程的质量负责。

（4）负责编制教学与生产实习野外安全工作计划、实习使用设备材料购买及使用计划，周翔制订教学与生产实习野外安全工作计划，严格把控购买的设备材料质量，是安全工作计划、设备材料质量安全的第一责任人。

（5）掌握教学与生产实习野外安全工作计划设计、实施程序及安全技术措施，定期针对实习野外现场安全隐患进行及时排查，制定有效措施进行彻底处理，确保安全施工有序管理。

（6）参加学校和学院教学与生产实习野外安全工作检查和安全会议，按期召开教学与生产实习野外安全工作宣讲会、学习会及讨论会议，定期召开实习教师安全例会，合理组织安全演练及示范，做好教学与生产实习野外安全工作思想教育，对实习教师及实习学生反馈的安全问题，采取有效措施进行处理并及时整改。

（7）定期深入教学与生产实习野外安全工作一线，加强教学与生产实习野外安全工作施工现场安全管理和巡查，排查实习流程、操作步骤及使用设备安全隐患，确保施工安全，保障实习质量，监督实习实施过程。

（8）加强教学与生产实习野外安全工作师资队伍建设、安全实习基地建设，打造"安全实习能手"实习教师组，不断组织实习教师进行安全培训，以及实习知识、实习使用大型设备和新型仪表的培训，提高实习教师安全意识；负责实习安全工作标准化建设工作，实现动态管理，加强安全日常考核制度建设。

（9）履行法律法规规定的其他教学与生产实习野外安全工作职责。

2. 实习教师安全责任

实习教师在学校和学院的领导下，履行教学与生产实习野外安全技术工作管理职责，负责各个实习项目的安全实施和技术管理工作：

（1）认真贯彻执行国家和学校有关教学与生产实习野外安全工作的法律、法规，全面负责各自所属教学与生产实习项目的野外安全工作，是教学与生产实习野外安全工作现场负责人。

（2）严格执行学校教学实践活动及专业教学实践课程野外工作的各项规定和措施、岗位标准及各项制度，经常检查各项实习活动实施过程的安全规定、制度的落实执行情况，现场发现问题并及时督促实习学生改正。

（3）负责教学与生产实习野外施工现场安全工作管理，按实习计划安排，按期保量安全完成各项教学与生产实习野外工作项目，对实习实施过程质量及现场情况负责。

（4）负责执行教学与生产实习野外安全工作计划，使用实习设备材料及执行使用计划，详细制订教学与生产实习各项目对应的野外安全实施计划，严格按要求使用设备材料，是各项目对应的安全工作计划、设备材料安全使用的责任人。

（5）熟悉教学与生产实习野外各项目的安全工作计划、实施步骤及安全技术措施，针对各实习项目的野外现场安全隐患进行及时排查，实施有效措施进行彻底处理，确保现场工作安全。

（6）参加定期召开的教学与生产实习野外安全工作宣讲会、学习会及讨论会议，参加定期召开的实习教师安全例会，协助实习队长组织学生进行安全演练及示范，做好教学与生产实习野外现场安全工作思想教育，对实习学生反馈的安全问题，及时反馈给实习队长，协助实习队长采取有效措施进行处理并及时整改。

（7）坚守教学与生产实习野外安全工作一线，加强教学与生产实习野外安全工作施工现场安全管控，密切关注实习流程、设备操作步骤及设备使用的安全隐患，确保现场工作安全，保障实习质量，正确执行实习计划。

（8）积极参与教学与生产实习野外安全工作师资队伍建设、安全实习基地建设，争取"安全实习能手"实习教师组荣誉，积极参与实习教师安全培训，以及实习知识、实习使用大型设备和新型仪表的培训，提高自身野外工作安全意识；参与实习安全工作标准化建设工作，参与安全日常考核。

（9）履行法律法规规定的其他教学与生产实习野外安全工作职责。

3. 实习学生安全责任

实习学生在实习教师的指导和管理下，履行教学与生产实习野外安全工作条例，负责自身及在实施实习项目过程中的安全技术管理工作：

（1）必须经教学与生产实习野外工作安全培训后才能参与并开展野外工作。

（2）认真贯彻执行国家和学校有关教学与生产实习野外安全工作的法律、法规，对所参与并执行实施的教学与生产实习野外安全工作负责，是教学与生产实习野外安全工作自身第一负责人。

（3）严格遵守学校教学实践活动及专业教学实践课程野外工作的各项规定，以及各项制度，正确开展实习活动实施过程，现场若发现安全隐患，应及时停止实习活动，保护自己的人身安全，并及时上报带队实习教师。

（4）负责教学与生产实习野外安全工作的具体实施，按实习计划按期保量安全完成各项教学与生产实习野外工作项目，对实习实施过程负责。

（5）严格按要求使用设备材料，是各项目对应的安全工作计划、设备材料安全使用的第一责任人。

（6）熟悉教学与生产实习野外各项目的实施步骤及安全技术措施，严格执行各实习项目的野外现场安全隐患排查、处理工作，确保各实习项目安全完成。

（7）按期参加教学与生产实习野外安全工作宣讲会、学习会及讨论会议，按期参加实习队长、实习教师组织的安全演练及示范，协助实习教师采取有效措施处理安全隐患并及时整改。

（8）密切关注实习流程、操作步骤及使用设备的安全隐患，确保现场工作安全，保障实习质量，正确执行实习计划。

（9）通过实习教师授课，提高自身野外工作安全意识。

（10）严格按法律法规规定的其他教学与生产实习野外安全工作要求开展实习。

4. 野外工作法规

在适用范围内开展工程物探工作，除应执行本书所列条款外，还须执行国家现行的行业标准（规范）及其他相关文件，具体包括：

（1）工程物探野外作业相关法规。

1）《浅层地震勘查技术规范》（DZ/T 0170—2020）；

2）《地震勘探爆炸安全规范》（GB 12950—91）；

3）《建筑抗震设计规范》（GB 50011—2010）；

4）《电阻率剖面法技术规程》（DZ/T 0073—2016）；

5）《电阻率测深法技术规范》（DZ/T 0072—2020）；

6）《直流电法工作规范》（国家地质矿产部）；

7）《广西工程物探技术规范》（DB45/T 983—2014）；

8）部门自编的《质量管理手册》和相关程序文件等。

（2）时间域激发极化法作业相关法规。

1）《电阻率剖面法技术规程》（DZ/T 0073—2016）；

2）《电阻率测深法技术规范》（DZ/T 0072—2020）；

3）《直流电法工作规范》（国家地质矿产部）；

4)《时间域激发极化法技术规程》(DZ/T 0070—2016)。

(3)地面瞬变电磁法作业相关法规。

《地面磁性源瞬变电磁法技术规程》(DZ/T 0187—2016)。

(4)大地电磁法作业相关法规。

1)《大地电磁测深法技术规程》(DZ/T 0173—2022);

2)《大地电磁测深法资料处理解释技术规程》(SY/T 7072—2016);

3)《石油大地电磁测深法采集技术规程》(SY/T 5820—2014);

4)《天然场音频大地电磁法技术规程》(DZ/T 0305—2017)。

(5)可控源电磁法作业相关法规。

1)《可控源音频大地电磁法技术规程》(DZ/T 0280—2015);

2)《可控源声频大地电磁法勘探技术规程》(SY/T 5772—2012);

3)《地球物理勘查技术符号》(GB/T 14499—1993);

4)《全球定位系统(GPS)测量规范》(GB/T 18314—2009);

5)《地球物理勘查图图式图例及色标》(DZ/T 0069—2024);

6)《物化探工程测量规范》(DZ/T 0153—2014)。

(6)磁法勘探作业相关法规。

1)《地球物理勘查图图式图例及色标》(DZ/T 0069—2024);

2)《地质矿产勘查测量规范》(GB/T 18341—2021);

3)《地面高精度磁测技术规程》(DZ/T 0071—1993);

4)《物化探工程测量规范》(DZ/T 0153—2014)。

(7)重力勘探作业相关法规。

1)《地质矿产勘查测量规范》(GB/T 18341—2021);

2)《基础地理信息数字产品1:10000　1:50000生产技术规程　第2部分:数字高程模型(DEM)》(CH/T 1015.2—2007);

3)《区域重力调查规范》(DZ/T 0082—2021);

4)《物化探工程测量规范》(DZ/T 0153—2014);

5)《重力调查技术规范(1:5000)》(DZ/T 0004—2015);

6)《大比例尺重力勘查规范》(DZ/T 0171—2017);

7)《国家重力控制测量规范》(GB/T 20256—2019);

8)《区域重力数据库标准》(DD2010-02)。

第二节　野外安全生产保护规定

一、总则

生产实习教学在保质保量完成各项工作的同时,应以安全为前提。

1.坚决贯彻"管生产的必须管安全"的原则,由项目负责人直接领导安全生产工作,加强劳动纪律,强化内部各个施工环节的安全生产管理工作。

2.认真贯彻执行国家颁发的有关安全工作的方针政策和法规。

3. 坚持"安全第一，预防为主"的方针，定期进行安全防护工作的部署检查，及时调整措施计划，对查出的隐患及时进行纠正和消除。

4. 严格遵守各项安全防护制度，当生产与安全发生矛盾时必须首先保证安全，严格遵守"四不放过"的原则。

5. 对工程开工和设备的使用必须进行检查验收。

6. 经常进行安全教育和安全学习。

二、野外作业基本规定

1. 项目的主要负责人要了解和掌握勘查区的安全情况，包括动物、微生物伤害源、流行传染病种、自然环境、人文地理、交通状况，并对进入工作区的其他技术人员进行安全交底。

2. 禁止单人进行野外勘探作业，禁止使用不能识别的动植物，禁止饮用未经检验合格的新水源和未经消毒处理的水。作业人员应按约定时间和路线返回约定的营地。

3. 野外工作机动车辆应满足野外作业地区越野性能要求，并在野外作业出队前进行车辆性能检测，在野外工作期间应随时检修。驾驶员除须持有驾驶证外，还须经过野外驾驶考核并合格后方可上岗。

三、电法类野外安全注意事项

1. 作业人员应熟练掌握安全用电和触电急救知识；出工前必须对供电导线进行漏电检查，有任何损坏和开裂都必须进行及时的修复和替换，接头处应使用高压绝缘胶布包裹。

2. 在山区收、放导线经过高压线时，严禁抛抖导线或手持长物，以防高压触电。在 A、B 电极和电缆经过的村庄、路口等障碍物的位置，应有明显清晰的高压警示标志，并派专人巡视看管。

3. 发射机操作员供电前必须仔细检测发射回路，确认接线正确、连通和接地情况良好后，明确发出供电指令，确认所有工作人员已离开 A、B 电极，方可开始供电。

4. 供电期间，操作员应密切看护发射机及配套设备，保证其处于正常工作状态并随时处置出现的故障；在改变发射机输出电压挡位、变换频点前，必须退出发射状态；需手动调节发射机输出电流时，必须平稳缓慢调节；退出发射状态前，必须将输出电流调节钮旋至最小；工作电流、电压不得超过仪器额定值。

5. 发电机组运行期间，不得添加燃油或更换机油。

6. 连接或断开供电导线、发射控制器电缆、发射机电源输入电缆时，必须确认发射机处于停机状态。

7. 移动测站前或全天工作结束后，在尚未收到发射机操作员明确断电的指令前，为确保人身安全，不允许任何人接触供电线和供电电极。

8. 野外作业车辆应配备灭火器、急救箱等；野外人员应配齐可靠的通信工具；供电系统人员必须使用绝缘胶鞋、绝缘手套等防护用品。

9. 如遇雷雨天气，应停止野外作业。突遇雷电时，应迅速关机，断开连接仪器设备的所有电缆。

10. 布线需要经过水域时，除了处理好导线外，还应保证过水安全，严禁徒手拖拽导线涉水（或泅渡）；水上或冰上作业时必须制定相应的安全制度和应急措施。

第三节　野外仪器安全操作规程

一、工程地震仪安全操作规程

1. 仪器操作人员上岗工作前必须接受过专业培训及操作能力考核，经考核合格后方可操作本仪器；

2. 本仪器在使用及运输过程中应采取有效的防尘、防震、防潮、防磁、防腐蚀、防高温措施；

3. 出工前必须检查仪器的配备（包括电缆、检波器、导线、震源、触发开关、电瓶等配件）是否齐全，仪器配套电瓶（12 V）的电压、电量是否满足，整套仪器的性能是否正常，所开展的项目要求及需配备的安全防护设备是否齐全；

4. 进入施工工地前必须规范地戴好安全帽、穿好劳保鞋，防止滑倒及高空坠物造成伤害；工作时要集中注意力，避免因道路、场地不平等造成人员摔伤或仪器设备摔坏或作业人员、物体坠入桩孔等；水上作业时，必须穿好救生服等水上救生器具，方可上船作业，严禁工作时人员在震源船上逗留；在山区作业时，还须防范毒虫、毒蛇等可能造成的危害，必须配备急救药品；

5. 操作人员应严格按照安全操作规程进行操作，并爱护仪器，做到养护及时、保持整洁；

6. 当场地存在吊车或钻机等其他工作设施及滑坡、地质危险体、滑落等其他安全隐患时，各员工不得处于可能危及安全的场地范围之内；

7. 在开展水上物探工作前，应对作业的水面进行深入的调查了解，在江河作业时，对河床的水深、水流急促情况、过往的船只情况须了解清楚，以做好相应防范措施；在海上作业时，除了解以上情况，还须了解台风、潮汐等相关情况，必要时，宜与当地海事部门沟通，争取配合物探工作；

8. 工作现场，仪器设备应放置在平整、稳固、安全的地方，绝对不能放置在诸如坑边、陡坡、船沿、摇晃的甲板等危险地带；仪器操作员任何时候都不许离开仪器，当需要离开时必须关掉仪器、切断电源并委派专人看守，以防止发生仪器设备损坏和人身伤亡事故；

9. 在打开主机电源开关之前必须重新核对 12 V 外接电瓶接入的正负极性是否正确，接头是否夹紧；

10. 在进行仪器间线路连接时，必须自己进行反问式排查，消除隐患，在采集信号时，务必检查检波器的连接是否正确；

11. 当震源为放炮时，从事爆炸作业的人员应取得公安部门签发的作业许可证件，严格按照有关规定运输、使用爆炸物品和进行爆炸作业，从事爆炸作业的单位应持有爆炸物探使用许可证明，严禁未经许可，私自进行野外爆破作业；当采用锤击震源时，必须对锤子进行必要的检查和加固，预防在工作中发生锤子脱落及断把等问题，相关配合人员严禁站在锤子跟前，锤击时，要站在离锤击人员至少 2 m 开外的安全距离，以防造成损伤；

12. 工作中，正在开展地震勘查的测线段沿线宜安排相关人员进行巡视看护，确保电缆和检波器的安全；

13. 工作时，仪器设备应放置于安全环境，在挪动时需专人呵护，以免工作人员疏忽发生跌落、连线扯落等现象；

14. 应定期检查电缆，在连接时要检查电缆是否连接牢固，外表皮是否完好无损；不要使用有磨损或变形迹象的电缆；不要私自裹缠或截短电缆；

15. 物探工作中如发现仪器设备有异常，应做好相应记录，设法查明原因并排除简单故障，当无法确定仪器异常原因以及该仪器异常对已采集数据的影响范围和程度时要立即报告项目负责人及技术负责人，只有性能稳定的仪器设备才可以应用于数据采集工作。

二、高密度电阻率测试系统安全操作规程

1. 仪器操作人员上岗工作前必须接受过专业培训及操作能力考核，经考核合格后方可操作本仪器；

2. 本仪器在使用及运输过程中应采取有效的防尘、防震、防潮、防磁、防腐蚀、防高温措施；

3. 出工前必须检查仪器的配备（包括 PDA 掌上电脑、WDA-1 超级数字直流电法仪、WDZJ-120 多路电极转换器、电瓶、连接线、电极、电缆线等配件）是否齐全，仪器配套电瓶（48~144 V）的电压、电量是否满足，整套仪器的性能是否正常（掌上电脑和主机通过蓝牙连接后测试接地电阻和试采样进行初步判断）；

4. 进入施工工地前必须规范地戴好安全帽、穿好劳保鞋，防止滑倒及高空坠物造成伤害；同时工作时要集中注意力，避免因道路、场地不平等造成人员摔伤或仪器设备摔坏或作业人员、物体坠入桩孔等；在山区作业时，还须防范毒虫、毒蛇等可能造成的危害，必须配备急救药品；

5. 操作人员应严格按照安全操作规程进行操作，并爱护仪器，做到养护及时、保持整洁，轻拿轻放；

6. 当场地存在吊车或钻机等其他工作设施及滑坡、地质危险体、滑落等其他安全隐患时，各员工不得处于可能危及安全的场地范围之内；

7. 工作现场，仪器设备应放置在平整、稳固、安全的地方，绝对不能放置在诸如坑边、水塘边、陡坡等危险地带；仪器操作员任何时候都不许离开仪器，当需要离开时必须委派专人看守，以防止发生仪器设备损坏和人身伤亡事故；

8. 在进行仪器间线路连接时，必须自己进行反问式排查，消除隐患，检查每个连接端是否稳固，是否有虚接的情况；在接地电阻测试完毕后，务必切断接地电阻测试连线；

9. 打开主机电源开关前必须重新核对外接电瓶接入的正负极性是否正确，接头是否夹紧；实际情况中，应根据场地地球物理情况及时调整相应的电流，以免过高电流烧坏保险并造成仪器的损坏；

10. 工作中，正在开展高密度电阻率法的测线段沿线应安排相关人员进行巡视看护，线头线尾注意做好防水措施，确保仪器、电缆、电极和人员、牲畜等的安全；

11. 工作时，仪器设备应放置于安全环境，在挪动时需专人呵护，以免工作人员疏忽或受地形、环境影响发生跌落、摔倒等现象；

12. 应定期检查电缆、电极以保证其连通性，在连接时要检查电缆是否连接牢固，外表皮是否完好无损；不要使用有磨损或变形迹象的电缆；不要私自裹缠或截短电缆；

13. 物探工作中如发现仪器设备有异常，应做好相应记录，设法查明原因并排除简单故

障，当无法确定仪器异常原因以及该仪器异常对已采集数据的影响范围和程度时要立即报告项目负责人及技术负责人，只有性能稳定的仪器设备才可以应用于数据采集工作；

14.雷电天气严禁使用本仪器进行电法野外探测作业；

15.若长时间不使用，每隔一个月左右应对仪器和电瓶充电一次；本仪器的充电器属专用设备，不得用其他充电器代替，以免烧坏仪器。

三、地质雷达安全操作规程

1.仪器操作人员上岗工作前必须接受过专业培训及操作能力考核，经考核合格后方可操作本仪器；

2.本仪器在使用及运输过程中应采取有效的防尘、防震、防潮、防磁、防腐蚀、防高温措施；

3.出工前必须检查仪器的配备（包括笔记本电脑、导线、电瓶等配件）是否齐全，仪器配套电瓶（12 V）的电压、电量是否满足，整套仪器的性能是否正常（连接笔记本电脑和主机后试采样进行初步判断）；

4.进入施工工地前必须规范地戴好安全帽、穿好劳保鞋，防止滑倒及高空坠物造成伤害；工作时要集中注意力，避免因道路、场地不平等造成人员摔伤或仪器设备摔坏或作业人员、物体坠入桩孔等；在山区作业时，还须防范毒虫、毒蛇等可能造成的危害，必须配备急救药品；

5.操作人员应严格按照安全操作规程进行操作，并爱护仪器，做到养护及时、保持整洁；

6.当场地存在吊车或钻机等其他工作设施及滑坡、地质危险体、滑落等其他安全隐患时，各员工不得处于可能危及安全的场地范围之内；

7.工作现场，仪器设备应放置在平整、稳固、安全的地方，绝对不能放置在诸如坑边、陡坡等危险地带；仪器操作员任何时候都不许离开仪器，当需要离开时必须关掉仪器、切断电源并委派专人看守，以防止发生仪器设备损坏和人身伤亡事故；

8.所有电缆的连接，都必须在关机状态下进行，连接时，必须自己进行反问式排查，消除隐患；在任何情况下，如需做任何改动，都必须事先确认数据采集主机和计算机是否处于关机状态；必须在整个系统完成所有电缆的正确连接后才能进行操作；在电缆尚未正确连接前不要进行任何开机操作；

9.只可使用专用的电池和电源转换器；在打开主机电源开关之前必须重新核对 12 V 外接电瓶接入的正负极性是否正确，接头是否夹紧；

10.系统在数据采集和后处理阶段处于开机或待机状态时，天线只许与被测表面相接触，切勿将天线直接对着人体；

11.应定期检查电缆，在连接时要检查电缆是否连接牢固，外表皮是否完好无损，这对 D/C 电缆尤为重要，因为它会经常与地面接触；不要使用有磨损或变形迹象的电缆；不要私自裹缠或截短电缆；

12.工作时，仪器设备应放置于安全环境，在挪动时需专人呵护，以免工作人员疏忽发生跌落、连线扯落等现象；

13.物探工作中如发现仪器设备有异常，应做好相应记录，设法查明原因并排除简单故障，当无法确定仪器异常原因以及该仪器异常对已采集数据的影响范围和程度时要立即报告项目负责人及技术负责人，只有性能稳定的仪器设备才可以应用于数据采集工作。

四、微动勘探仪安全操作规程

1. 仪器操作人员上岗工作前必须接受过专业培训及操作能力考核，经考核合格后方可操作本仪器；

2. 本仪器在使用及运输过程中应采取有效的防尘、防震、防潮、防磁、防腐蚀、防高温措施；

3. 出工前必须检查仪器的配备（包括电缆、检波器、导线、电瓶等配件）是否齐全，仪器配套电瓶（12 V）的电压、电量是否满足，整套仪器的性能是否正常，所开展的项目要求及需配备的安全防护设备是否齐全；

4. 进入施工工地前必须规范地戴好安全帽、穿好劳保鞋，防止滑倒及高空坠物造成伤害；工作时要集中注意力，避免因道路、场地不平等造成人员摔伤或仪器设备摔坏或作业人员、物体坠入桩孔等；在山区作业时，还须防范毒虫、毒蛇等可能造成的危害，必须配备急救药品；

5. 操作人员应严格按照安全操作规程进行操作，并爱护仪器，做到养护及时、保持整洁；

6. 当场地存在吊车或钻机等其他工作设施及滑坡、地质危险体、滑落等其他安全隐患时，各员工不得处于可能危及安全的场地范围之内；

7. 工作现场，仪器设备应放置在平整、稳固、安全的地方，绝对不能放置在诸如坑边、陡坡等危险地带；仪器操作员任何时候都不许离开仪器，当需要离开时必须关掉仪器、切断电源并委派专人看守，以防止发生仪器设备损坏和人身伤亡事故；

8. 在打开主机电源开关之前必须重新核对 12 V 外接电瓶接入的正负极性是否正确，接头是否夹紧；

9. 在进行仪器间线路连接时，必须自己进行反问式排查，消除隐患，在采集信号时，务必检查检波器的连接是否正确；

10. 工作中，宜安排相关人员在台阵周边监督路人并进行巡视看护，确保电缆和检波器的安全以及数据质量可靠；

11. 工作时，仪器设备应放置于安全环境，在挪动时需专人呵护，以免工作人员疏忽发生跌落、连线扯落等现象；

12. 应定期检查电缆，在连接时要检查电缆是否连接牢固，外表皮是否完好无损；不要使用有磨损或变形迹象的电缆；不要私自裹缠或截短电缆；

13. 物探工作中如发现仪器设备有异常，应做好相应记录，设法查明原因并排除简单故障，当无法确定仪器异常原因以及该仪器异常对已采集数据的影响范围和程度时要立即报告项目负责人及技术负责人，只有性能稳定的仪器设备才可以应用于数据采集工作。

五、瞬变电磁仪器安全操作规程

（一）发射机安全事宜

1. 操作员要详细阅读仪器使用说明书，掌握仪器设备的基本原理、性能与操作方法。

2. 发射工作站应设于平坦开阔地面，仪器及相关设备要平稳有序安放，仪器用胶垫或其他绝缘物体与地面隔离。工作站要设有警示标志。

3. 发射系统运输到工区后应进行必要的外观检查，检查零部件是否有松动或损坏。

4. 操作员必须穿戴绝缘胶鞋，建议穿戴绝缘胶手套或干净的纱质手套操作发射机，严禁用表面带水无防护的手操作。

5. 正确连接发电机、发射机、控制盒，确保连接处接触良好稳固。注意检查专用线缆是否完好无损，否则容易引起触电事故或损坏仪器。

6. 供电线要先用木桩类固定，不得直接绑缚于仪器上。供电线芯连接在供电接线柱上时要拧紧，不得露出毛刺，以免触电。

7. 发动机组发动前要先检查机油、燃油是否正常，否则发动机易损坏。发动机更换机油或添加燃料时必须处于停止状态。发动机起动前要先手动泵油，进入供电工作状态前要先低速挡预热 5 min 以上。

8. 严禁让发动机在密封或通风不良的室内运行。当发动机处于运行状态时，排气系统部件和发动机表面会自然变热，在机器停车或冷却前严禁触摸，以免烫伤。

9. 注意观察发电机组运行的动态。在运行过程中，一旦出现异常情况应先迅速采取紧急停车措施，然后再查清原因。发电机组在运行时，必须远离易燃易爆危险物品。

10. 进入和退出发射的正确流程。

进入发射工作流程：确认供电导线和电极已布置妥当及人员处于安全状态，确认各设备之间的连接正确→发动机缓慢提速达到正常转速→闭合发电机与发射机之间的开关→调节控制盒→操作发射机进入工作状态，开始发送信号。

退出发射工作流程：发射机退出发射状态，关闭电源→给高压电源放电，确认电压低于安全电压→断开发电机与发射机之间的开关→发动机缓慢降速，低速运行 2~3 min 后关闭发动机→拆除线缆。

11. 严禁带电改接仪器面板上的所有连接线及拆卸面板，供电过程中严禁触摸接线柱或电极，否则有触电危险。

12. 严禁超功率、超电流使用仪器。

13. 发射机显示器显示电流突然变化较大时，说明仪器发生故障，或供电导线断开或漏电，应马上切断电源，必须先找出断点(或漏电点)位置，排除故障后方可启动供电。

14. 发射站须配备必要的防雨防晒设施，避免仪器被雨淋或暴晒。

15. 工作当中遇雷雨时禁止发射机工作，应把供电导线从发射机上拆除。

16. 发射站操作员必须与相关工作人员保持通信畅通，准备发射及退出发射时都要及时通知相关工作人员。

(二) 发射机保养维护

1. 保持仪器面板干净整洁，平时用柔软干净的毛巾蘸常温水和中性洗涤剂擦拭面板后晾干。注意毛巾湿度以不完全饱和为宜。

2. 运输过程中，仪器必须装入专用仪器箱平衡安置，仪器箱上不得放置重物，以免损坏仪器。

3. 平时仪器应存放于仓库中，严禁将仪器存放于 $-20℃$ 以下的温度环境中。仪器应设专人保管，出入库须登记造册。

4. 空气潮湿等导致仪器受潮时可用吹风机以常温朝仪器风扇口吹风除湿，必要时可拆卸面板风干。

5. 野外工作中，控制盒内置电池要经常充电，确保电压在 10 V 以上，若仪器长时间不用，每三个月要对锂电池充电一次。

6. 发动机长时间不用时，用于起动发动机的电瓶要与发动机分离，并每隔一段时间进行一次充电等维护。发动机组宜每年由专业人员进行一次保养维护，日常视使用强度适时更换机油及清洁空气滤清器。

（三）接收机安全使用

1. 操作员要详细阅读仪器使用说明书，掌握仪器设备的基本原理、性能与操作方法。

2. GDP-32^{II}接收机在野外工作时应交给身强力壮者携带，熟悉地形者优先，当路途较远或山坡较陡等导致携带者较累时，要轮流进行携带，遇陡坎或较陡坡度时，应传递上下陡坎，保证仪器的安全。

3. 仪器探头是较为脆弱的一部分，不可发生磕碰现象，应轻拿轻放，交给专人携带。

4. 观测时，接收机及探头应该摆放在较为平坦或水平的地方，如坡度较陡，要用地质锤或其他物体将地面挖开、填平，保证仪器及探头的平稳及安全。

5. 工作当中应配备雨具，以防仪器被雨水淋湿，损坏电子元件。同时要防止仪器液晶显示屏被暴晒，以免显示屏损坏。

6. 打雷时严禁观测及连接接收长导线，避免雷电通过导线传递对人身或仪器造成伤害。

（四）接收机保养维护

1. 仪器设备必须存放在阴凉、通风、干燥、无腐蚀性气味、无强磁场的地方。

2. 运输过程中仪器必须装入专用仪器箱平衡安置，仪器箱上不得放置重物，以仪器发生损坏。

3. 平时仪器应存放于仓库中，严禁将仪器存放于-20℃以下的温度环境中。应设立专人保管，出入库须登记造册。

4. 野外工作期间，仪器内置电池要经常充电，确保电压在 10 V 以上。若仪器长时间不用，每三个月要对锂电池充电一次。

5. 仪器发生故障时要及时检修，不得带病作业，仪器检修由熟悉仪器性能、原理，掌握检修技能的专门人员负责。

六、磁力仪安全操作规程

磁力仪的操作应按仪器说明书或操作规程进行，禁止将仪器输出专用插口与其他仪器连接。

（一）出工前

1. 磁法操作员必须检查磁力是否能够正常工作，仪器工作不正常或出现错误指示时，应先排除电源不足、接触不良及电路短路等外部原因，再使用仪器自检。

2. 检查仪器电源是否完好。

3. 对仪器进行时间同步校对。

4. 检查仪器内存并清除内存数据。

5. 检查磁力仪探头及与仪器连接是否完好。

6. 磁法操作员要"去磁"，不能携带有磁性的物品(如手机、刀、皮带等)。

7. 磁法操作员要认真检查仪器设备的备件(如探头、GPS、仪器等)是否足够。

8. 磁法操作员要带磁法野外工作记录本和笔。

9. 磁法操作员必须携带必备药品(蛇药、人丹、风油精、创可贴等)。

10. 磁法操作员还要准备和携带防雨防晒用品(如雨布、草帽等)。

(二)测量中

1. 上山测量前，应先设好基站，并对好早基。

2. 观测过程中，应保证点位正确。

3. 探头高度应保持一致。

4. 操作员观测时必须"去磁"，必须携带的有磁性物品和其他有磁性设备应离开测点一定距离，距离大小以不影响观测结果为原则。

5. 观测中，如遇事故(如仪器受震)，仪器性能可能突然发生变化，此时应立即回到事故前测过的几个点(点位要正确)上进行重复观测，必要时回到校正点上做重复观测，以检查仪器性能，确认仪器性能正常后方可继续观测。

6. 当相邻两观测点读数相差较大或有值得注意的地质现象时，须增加观测点；当相邻测线的异常特征明显不一致时，须增加测线；当测区边缘发现可能有意义的异常或值得注意的地质现象时，必须追踪观测。

7. 遇有磁性干扰物(如铁路、厂房、井场、高压线、有磁性岩坎或岩石堆等)时，须合理移动点位，避开干扰，并加注记。

8. 观测中必须设置专用记录本，详细记录观测过程中遇到的特殊情况。

9. 野外施工结束后，必须到基点对晚基，检查仪器早晚闭合差是否符合规范要求，如不符合规范要求，第二个工作日必须抽检该台仪器前一日的测量点，检查点不少于30%，如果检查情况不符合要求，则该台仪器前一日的测量数据作废。

(三)测量后：仪器的保管和维护

1. 仪器的使用和保管

(1)建立严格的责任制，仪器的发放单位和使用者应对仪器的安全负全面责任，交接仪器时双方应进行检验并办理交接手续；未经主管单位或操作员同意，他人不得随意动用仪器。

(2)应建立仪器使用簿，记录其性能变化、调节检修情况、使用及交接情况，并作为档案随仪器保存。

(3)使用、保管、运送仪器必须防水、防潮、防暴晒、防震、防尘；做到专人使用、专人保管、专人运送。

(4)仪器使用必须按操作说明书或操作规程执行；仪器及所属配件必须妥善保管，不得随意弃置或另作他用。

2. 仪器的保管和维修

(1)严禁随意折卸仪器;仪器不正常时,首先应排除外部原因(如电池、电缆、接插头的接触不良或短路等),在断定非外部原因后才可将仪器送修。

(2)每日用毕后应擦净尘土、汗迹,特别是各插口应保持清洁。

(3)仪器长期不用时,每月应对仪器全面保修、检查一次,并将结果记录在案。

(4)对仪器的调节与检修应由专业人员进行或直接送厂修理。

七、重力仪与重力勘探安全操作规程

1. 重力仪应放置在牢固、干燥的房间内,避开潮湿阴暗的环境,保管和使用应建立严格的责任制,由仪器使用单位和使用人员对仪器安全负全责。仪器交接时,交接双方应进行检验并办理手续。未经主管单位或操作员同意,他人不得随意动用仪器。

2. 重力仪在使用及运输过程中应采取严格的防尘、防磁、防潮、防高温、防震措施;重力仪长距离运输时,应放入运输筒(防震筒)内,并由专人负责护送,杜绝意外事故发生。测量运输途中尽量保持仪器直立,以减少恢复时间。

3. 随时检查仪器帆布背包的提把、背带式仪器保护带,点与点之间步行运输仪器时使用背带式帆布背包,避免仪器提手螺丝折断或背带等缝接不牢而出现意外,确保仪器安全。

4. 拿取、安放重力仪时,应轻拿轻放,平稳地放到三脚架上,以不发出声响为标准,严禁碰撞。调平时,应固定左螺丝,只调节右螺丝和前螺丝,以保持仪器与地面的高度不变。

5. 精心呵护重力仪,避免磕碰和过度震荡仪器。禁止将重力仪大角度倾斜和卧置,严禁在松摆的情况下搬运 LCR 型重力仪。

6. 重力仪放到脚架上后,操作员不得离开,以防意外事故发生。

7. 带恒温装置的重力仪在长途运输时应断电,但工作期间不得断电,须经常检查仪器是否漏电,并注意防磁。

8. 作业时如果风大可用挡板遮风,必要时可用大纸箱或大桶将仪器罩住,以减少干扰。

9. 因野外作业灰尘较大,应使用盖帽将仪器的电源、USB 等接头扣上。

10. 工作期间,重力仪应始终保持通电状态,以保证 DRIFT 恒定。仪器断电后,应按仪器说明书的要求,对重力仪进行不少于 48 h 的预热,建议预热 96 h 以上,以使重力仪更稳定。

11. 仪器长期不用时必须将电池取出,每隔一个月充电一次。

12. 在野外工作时,若重力仪发生故障,不得随意打开仪器,而应带回驻地,交予具有一定检修经验的人员在其力所能及的范围内检修。

13. 每天工作结束后应擦拭重力仪,须使用擦镜纸或软毛刷擦拭目镜,不得用代用品;脚螺旋应每周清洗、润滑一次。

14. 重力仪操作员应按说明书或操作规程执行,并应采取有效保护措施,防雨防晒。

15. 操作员要严格执行岗位责任制,对仪器安全负完全责任,并负责保管好仪器所属配件和工具。未经操作员同意,他人不得随意动用仪器。在野外工作时无论遇到什么情况操作员都不准离开仪器。

第四节 野外遇险预防与应急措施

1.项目开始前,项目负责人应向项目组的工作成员做好书面和口头的技术交底工作。

2.在施工过程中,如发生突发性的事件,野外生产组长要第一时间将实际情况汇报给项目负责人以及单位管理部门,并采取积极的救援措施。

3.项目组若使用车辆,则在出发前必须先检查车辆的轮胎、刹车等关键部位,在现场工作时尽量按原有道路行驶。

4.林地蚊虫叮咬预防与处理措施。

(1)穿着防护衣物。

1)长袖长裤:尽量穿着长袖衣物和长裤,以减少皮肤暴露面积,特别是腿部和手臂,从而有效阻挡蚊虫的直接叮咬。

2)浅色衣物:选择浅色衣物,因为浅色衣物能反射光线,减少对蚊虫的吸引力。

3)紧口衣物:选择袖口、裤口紧身的衣物,以防止蚊虫从缝隙中叮咬。

4)帽子与面罩:在蚊虫特别多的地区,可佩戴宽边帽和防蚊面罩,以进一步保护面部和颈部。

(2)使用驱蚊产品。

1)驱蚊液/喷雾:选择含有 DEET(避蚊胺)、Picaridin(派卡瑞丁)、IR3535(乙基己基羟苯甲酸酯)或柠檬桉油(仅限 3 岁以上儿童)等有效成分的驱蚊产品。这些成分能有效驱赶蚊虫,保护皮肤免受叮咬。使用时应按照说明书正确使用,并定时重新喷洒,特别是在出汗后。

2)驱蚊手环/手表:部分产品含有天然植物精油,如薰衣草、薄荷等,虽然效果可能不如化学驱蚊剂显著,但可作为辅助手段。

3)蚊香与蚊帐:在露营或长时间停留的地点,可点燃蚊香或驱蚊草来驱赶蚊虫。同时,搭建蚊帐以保护睡眠区域,避免夜间被蚊虫叮咬。

(3)调整活动时间和地点。

1)避免黄昏与黎明外出:这两个时段是蚊虫最为活跃的时候,尽量避免在这些时间外出活动。

2)远离蚊虫栖息地:尽量不在茂密草丛或灌木丛中长时间停留,因为这些区域是蚊虫的主要栖息地。

(4)保持个人卫生与良好生活习惯。

1)勤洗澡:保持身体清洁,减少汗液和体味,因为这些都会吸引蚊虫。

2)使用香波与香皂:某些含有特殊香味的洗浴产品可能具有驱蚊效果,但具体效果因人而异。

3)避免使用香水与发胶:过重的香水、发胶等个人护理产品可能会吸引蚊虫,应尽量减少使用。

(5)应急处理。

1)携带急救包:外出时携带急救包,包括抗过敏药物、消毒棉球等,以备不时之需。

2)观察体征:如果被叮咬后出现发热、头痛、皮疹等症状,应及时就医,排除蚊虫叮咬传播疾病的可能性。

3）应急措施：如果被毒虫咬伤，应立即在流动的清水下对伤口进行冲洗，以去除残留的毒液和污染物。如果可能的话，尝试挤出伤口中的毒液，但应避免过度挤压，以免造成更大的伤害。

（6）就医治疗。

如果被咬伤后出现红肿、疼痛、瘙痒等症状，应及时就医并告知医生被咬伤的详细情况。医生会根据伤口情况和症状给予相应的治疗，如使用抗过敏药物、抗生素等。

5. 野外毒蛇咬伤预防与处理措施。

预防毒蛇咬伤，需要采取一系列综合性措施，以减少与毒蛇的接触和降低被咬伤的风险。以下是一些有效的预防方法：

（1）避免前往高危环境。

减少接触：尽量避免前往蛇类活动频繁的地方，如深山、草丛、湿地等。如果必须前往，应提前做好充分准备。

（2）改善和保持环境卫生。

1）清理杂草和乱石：注意住宅及周围环境的卫生，定期清理杂草、乱石和垃圾，减少毒蛇能藏身的隐蔽场所。

2）堵塞洞穴：堵塞墙洞、树洞等可能藏匿毒蛇的洞穴，防止其栖息和繁殖。

（3）个人防护装备。

1）穿着防护衣物：在户外活动时，应穿着长袖上衣、长裤及鞋袜，必要时戴好草帽和手套，以减少皮肤暴露面积。

2）涂抹防蛇药物：在四肢涂抹具有防蛇作用的药物或防蚊液，虽然其主要功效可能在于驱蚊，但某些产品也具有一定的防蛇效果。

（4）打草惊蛇与警觉观察。

1）打草惊蛇：在草丛、灌木丛等可能藏匿毒蛇的地方行走时，应先用棍棒等工具敲打地面或植被，以驱赶可能存在的毒蛇。

2）警觉观察：在户外活动时，应时刻保持警觉，注意观察周围环境，特别是脚下和四周是否有毒蛇出没的迹象。

（5）设置障碍物与躲避策略。

1）设置障碍物：在野外宿营地或活动区域周围设置围栏或障碍物，以阻挡毒蛇的侵扰。

2）躲避策略：如果遇到毒蛇，应保持冷静，不要惊慌失措，尽量采用左右拐弯的行走方式躲避，避免直线奔跑，以免激怒毒蛇或使其加速攻击。

（6）教育和宣传。

1）加强宣传：通过宣传教育，提高公众对毒蛇咬伤的认识和防范意识，普及预防毒蛇咬伤的知识和方法。

2）专业培训：对于经常需要在户外工作或活动的人员，应进行专业培训，使其掌握识别和应对毒蛇咬伤的技能。

（7）被蛇咬伤后的急救措施。

1）保持冷静，切勿惊慌。

保持冷静有助于伤员采取正确的急救措施，避免因为紧张而加重伤势。

2）迅速离开现场。

如果被蛇咬住，应首先确保自身安全，使用木棍或其他工具将蛇挑开，然后迅速离开被咬伤的地方。

3）解除压力。

去除受伤部位附近的多余物品，如戒指、手链、脚链、手表以及较紧的衣物等，以免因后续伤口的肿胀而无法取出，加重局部损害。

4）制动与绑扎。

制动：被咬伤脱离危险区域后，尽量保持原地不动，避免奔跑和剧烈运动，将伤口部位放低，使伤口低于心脏，以减慢身体对蛇毒的吸收速度。

绑扎：如果四肢被咬伤，应立即用鞋带、布条、绳索等在肢体伤处近心端环形捆扎，松紧以能阻断淋巴和静脉回流为度。每隔20~30 min放松12 min，直到伤口处理完毕和服用蛇药30 min后方能解除。注意绑扎物不能过紧，以免局部组织缺血坏死。

5）清洁伤口。

使用清水、肥皂水、盐水或高锰酸钾溶液等反复冲洗伤口，以去除皮肤表面黏附的毒液。注意不要用嘴吸毒，因为这可能导致口腔感染或中毒加深。

6）切开伤口排毒（视情况而定）

如果伤口中有毒牙，应将其拔出。然后以齿痕为中心，用消毒刀在伤口处划"十"字切口，但不宜过深，以有淋巴液流出为宜。若被咬伤手足，可用粗针在指、趾间针刺排毒。注意这一步骤应由专业人员进行，避免自行操作导致感染或伤势加重。

7）冷敷。

有条件的话，可用冰块敷在伤口周围和近心端，使血管和淋巴管收缩，延缓身体对蛇毒的吸收。

8）紧急呼救。

尽快拨打120急救电话，呼叫救援。在等待救援的过程中，尽量使伤者保持安静和稳定，避免不必要的移动和刺激。

9）使用解毒药物。

如果随身携带有解毒药物，如蛇咬丸、蛇伤解毒片等，可以遵医嘱使用。但请注意，这些药物并不能完全替代专业的医疗救治。

10）其他注意事项。

被蛇咬伤后，切勿饮用酒、浓茶、咖啡等兴奋性饮料，以免加重中毒症状；

不要试图用手挤压伤口以排出毒液，因为这样做可能会加速毒液的扩散；

尽快送医治疗，注射抗蛇毒血清是最有效的抗毒方法。

6. 高温环境中暑预防与处理措施。

（1）预防中暑的措施。

1）注意环境温度：

尽量避免在高温时段（如正午时分）进行户外活动或工作。如果必须在高温环境中工作，应定时到阴凉处休息，并减少连续工作时间。

2）做好防晒：

外出时佩戴宽边遮阳帽、太阳镜，并涂抹防晒霜，以减少紫外线对皮肤的直接照射。选择轻薄、宽松、浅色的衣物，避免穿着紧身或深色衣物，以减少身体对热量的吸收。

3）补充水分与电解质：

高温天气下，人体容易出汗，导致水分和电解质（如钠、钾）的流失。因此，应及时补充水分，可以饮用淡盐水、绿豆汤、运动饮料等，以补充体内所需的水分和电解质。不要等到口渴时才喝水，应定时定量饮水，避免一次性大量饮水。

4）合理安排作息：

保持充足的睡眠，避免熬夜和过度劳累。在高温环境中工作时，应定时休息，避免长时间连续作业。

5）注意饮食调节：

保持饮食清淡，多吃新鲜蔬菜和水果，如西瓜、葡萄等，以补充体内所需的维生素和矿物质。避免食用高油高脂食物，以免加重身体负担。

6）使用防暑降温设备：

在室内可以使用空调、电扇等设备，以降低室内温度。在户外工作时，可以携带便携式风扇或冰袋等降温设备。

（2）处理中暑的措施。

1）立即脱离高温环境：

一旦发现有人中暑，应立即将其移至阴凉、通风处，并解开其衣领、腰带等束缚物，以利于散热。

2）物理降温：

用湿毛巾冷敷中暑者的头部、腋下以及腹股沟等处，以降低其体温。如果条件允许，可以用温水擦拭中暑者全身，并对其进行皮肤、肌肉按摩，以加速其血液循环和促进散热。

3）补充水分与电解质：

如果中暑者意识清醒且没有恶心、呕吐等症状，可以给予其含盐分的清凉饮料或淡盐水。注意不要过量饮水，以免导致水中毒。

4）药物治疗：

如果中暑症状较为严重，如出现高热、昏迷等症状，则应立即就医治疗。医生会根据病情采取输液、吸氧等治疗措施，并开具相应的药物进行治疗。

5）观察病情变化：

在处理中暑的过程中，应密切观察中暑者的病情变化。如果病情持续加重或出现新的症状，则应及时就医并告知医生之前的处理情况。

7.自然灾害预防与应急措施。

（1）自然灾害的预防措施。

1）了解天气和地理条件：

在出行前，应密切关注当地的天气预报和地质灾害预警信息，了解可能面临的风险；研究目的地的地形、地貌和气候特点，选择安全、适宜的路线和区域进行活动。

2）做好充分准备：

携带必要的装备和物品，如防水帐篷、睡袋、防雨衣、手电筒、备用电池、急救包、地图、指南针、GPS定位器等。准备充足的食物和水，以及必要的应急药品。穿着适合户外活动的服装和鞋子，确保舒适性和安全性。

3）避免危险行为：

不要在恶劣天气或地质灾害易发区域进行户外活动。避免攀爬未经过安全评估的山峰和在易发生泥石流的地区露营等危险行为。遵守当地的安全规定和警示标志,不进入禁止进入的区域。

4)提高自我防护能力:

学习基本的野外生存技能和自救互救知识,如搭建临时避难所、寻找水源和食物、发出求救信号等。参加户外安全培训或课程,提高自己的安全意识和应对灾害能力。

(2)自然灾害的应急措施。

1)保持冷静:

在遭遇自然灾害时,首先要保持冷静,不要惊慌失措。然后迅速评估周围环境和自身状况,确定最佳的逃生路线和避险地点。

2)及时报警和求助:

利用手机或其他通信设备及时报警并寻求帮助。如果没有通信设备或无法与外界联系,可以通过发出声音、挥舞衣物、点燃火堆等方式发出求救信号。

3)采取正确的逃生和避险措施:

①地震:如果在室内,尽量躲避在桌子下、墙角等坚固结构物旁;如果在室外,尽量到空旷的广场或平地躲避。

②泥石流和山体滑坡:要尽快向未发生泥石流的另一侧跑;不要顺着泥石流往山下跑;不要与泥石流赛跑;不能上树躲避。

③洪水:要尽快向高处避难,如高层建筑、坚固的楼房顶上;不要顺着洪水往山下跑;不要试图穿越水过河;不要留在没有桥或没有坚固房屋的地方。

④台风:如果在室内,尽量躲避在坚固的结构物下;如果在室外,尽量到空旷的广场或平地躲避。不要靠近广告牌、树木、电线杆等危险物。

4)保护自身安全:

在逃生过程中,要注意保护头部、四肢等重要部位免受伤害。如果受伤或身体不适,要及时进行自救互救,并等待救援人员的到来。

8.野外溺水防范与应急措施。

(1)溺水防范措施。

1)了解水域情况:

在进行涉水活动前,务必了解水域的深度、水流、水温,以及是否存在暗流、漩涡、水草等危险因素。避免在未知或危险的水域游泳或戏水。

2)评估自身能力:

根据自己的游泳技能和体力状况,选择适合自己的水域活动。不要盲目自信,尤其是在疲劳、饥饿、饮酒或服用影响判断力的药物后,应避免涉水活动。

3)穿戴救生设备:

在水域活动时,应穿戴合适的救生设备,如救生衣、浮板等。这些设备可以提供浮力,帮助保持身体在水面上。

4)提高安全意识:

时刻保持警惕,注意周围环境的变化,如天气、水流等。避免在恶劣天气(如雷雨、大风)或夜间进行涉水活动。

（2）溺水应急措施。

1）保持冷静：

一旦发生溺水，首先要保持冷静，不要惊慌失措。尝试控制呼吸，尽量让口鼻露出水面，以便呼吸。

2）采取自救措施：

如果能游泳，可以尝试游向岸边或浅水区；如果无法游泳或体力不支，可以采取仰漂式自救法，即身体放松，双手放于水中，人往后仰，保持口鼻浮出水面进行缓慢换气。当下沉时，应闭上嘴巴，鼻子出气，微微推水，等待上浮。

3）寻求帮助：

大声呼救，吸引周围人的注意。如果周围有救生设备（如救生圈、竹竿等），可以尝试抓取并使用。

4）进行互救：

如果发现他人溺水，应立即向周围的人大声求助，并拨打110、119、120等电话报警求助。如果具备下水救援的条件（如熟悉水性、了解水域情况等），可以从溺水者的背后靠近，托起其身体，让头露出水面，侧游上岸。但非专业救生人员不推荐下水救援，以免发生意外。

5）心肺复苏：

如果溺水者被救上岸后已经失去意识，应立即对其进行心肺复苏术（CPR），直到专业救援人员到达。

9. 野外山火防范与应急措施。

（1）山火防范措施。

1）了解火源管理：

在野外活动时，严禁使用明火，包括但不限于篝火、烟蒂、打火机等。特别是在干燥、易燃的植被区域，更应严格遵守防火规定。如果必须使用明火（如烹饪），应选择避风、远离易燃物的地点，并确保火源在人离开时完全熄灭，最好使用沙土覆盖，以防死灰复燃。

2）提高防火意识：

时刻关注天气变化和火险等级，避免在大风、高温、干旱等易发山火的天气条件下进行野外活动。在野外行走时，不要随意丢弃烟蒂、火柴等易燃物品，确保所有火源得到妥善处理。

3）学习防火知识：

了解基本的防火知识和自救技能，包括如何正确使用灭火器、如何快速逃离火场等。在进入林区、草原等易燃区域前，应了解当地的防火规定和应急措施。

4）准备应急物品：

携带必要的防火和自救物品，如湿毛巾、防火毯、手电筒、哨子等。这些物品在紧急情况下可以提供必要的保护手段和发出求救信号。

（2）山火应急措施。

1）立即报警：

一旦发现山火，应立即向当地森林防火部门或消防部门报警，报告火情和位置信息。

2）迅速撤离：

如果火势较大且无法控制，应立即按照预定的逃生路线迅速撤离火场。在撤离过程中，要注意风向和火势蔓延方向,避免进入危险区域。

3)逆风逃生:

在逃生时,应尽量逆风而行,以减少火势和烟雾的威胁。如果条件允许,可以寻找河流、湖泊等自然屏障作为逃生路线。

4)使用湿毛巾等防护用品:

在逃生过程中,可以使用湿毛巾、防火毯等物品捂住口鼻,以防止吸入有毒烟雾。同时,保持低姿势前行,以减少吸入烟雾的风险。

5)寻找安全避难所:

如果无法及时撤离火场,应寻找开阔、无易燃物的空地作为避难所。在避难所内,应尽量远离火源和烟雾,并保持冷静,等待救援。

6)切勿盲目扑火:

普通人在没有专业训练和防护装备的情况下,切勿盲目参与扑火行动。山火火势凶猛且难以控制,盲目扑火可能导致严重后果。

10.野外迷路防范与应急措施。

(1)迷路防范措施。

1)提前查看天气预报:户外活动前,提前查看并了解目的地的天气状况,做好应对恶劣天气的准备。

2)搜集地理信息:提前了解和搜集所到区域的地理信息,选择易辨认的地标,如山脉、河流、溪谷等作为行进参照。

3)准备导航工具:下载并熟练使用"两步路""六只脚"等导航软件,携带地图、指北针和GPS设备,并确保电量充足。

4)携带必要物资:除了基本的徒步装备外,还应准备足够的食物、水、急救药品、防风保暖衣物以及备用电源等。

5)规划路线:提前规划好行进路线,并告知家人或朋友,以便在紧急情况下寻求帮助。避免自行开路、独辟蹊径或擅自改变行进计划,尽量沿路径和成熟路线行走。在不确定的区域做好路标和标记,以便在迷路时找到返回的路径。

6)判断方向:在行进过程中,时刻注意判断方向,避免走错路。

7)保持联系:如果条件允许,定期与家人或朋友保持联系,报告自己的位置和情况。

(2)迷路应急措施。

1)保持冷静:

一旦发现自己迷路,首先要保持冷静和镇定,不要惊慌失措,这样才能更好地处理紧急情况。

2)"STOP"处理原则:

stay(待在原地):就近停下来,节省体力,避免无谓的消耗。

think(思考):自问一些关键问题,分析目前所处的状况,如"我刚才经过了哪些地点""距离天黑还有多长时间"等。

observe(观察):仔细观察四周环境,分辨声音,尽量找到一些地标物和安全区域的参照。

plan(计划):根据观察到的情况和已有的装备、物资,做出行动计划。

3)发出求救信号：

声音信号：大声呼喊、敲击物体以产生响声，吸引救援人员的注意。

视觉信号：使用镜子、反光塑料片等物品反射阳光，制造明显的光亮信号；在开阔地或高处点燃火堆制造浓烟，作为远距离可见的信号。

通信信号：如果手机有信号，立即拨打当地紧急救援电话(如110、120)或登录相关网站查询当地救援队的联系方式。

4)寻找水源和庇护所：

寻找水源：水是生存的关键，尽量寻找河流、小溪等水源，并注意补充水分。

搭建庇护所：利用树枝、树干、石块等搭建临时庇护所，以应对恶劣天气或野兽袭击。

5)保持体力和精神状态：

适量进食和补充水分，避免过度疲劳。保持积极的心态，相信救援人员会尽快到达。

6)避免盲目行动：

迷路后最困难的一件事是承认自己迷路了，一定不要有侥幸心理，抱着再找找路的心态，其结果往往是事与愿违。因此，在确认无法自行找到出路时，应原地等待救援。

第五节　环境卫生保护措施

在勘查项目实施过程中，应注意对勘查区区域生态环境的保护，具体措施为：

1.首先在布置的勘探点位进行合理规划，尽量少地占用勘查区场地，防止水土流失；

2.项目部及勘查人员在勘查期间注意不要随地乱堆生活垃圾和随意排放污水，应采取集中处置措施；

3.勘查完每个勘探点并验收合格后，将废料清运至堆积区外掩埋。

第三章　物探工作设计

　　本设计属于工程物探教学和生产实习设计，故应根据教学要求和野外物探队物探生产设计原则和规定进行。

　　一般来说，物探勘察工作大致分为三个阶段：资料收集和分析、踏勘、工作设计阶段；野外工作阶段；资料整理和解释、报告编写阶段。为了保证完成地质任务，使野外施工以及资料整理和解释等工作顺利进行，必须对这两个阶段的工作部署和要求作出明确的规定，这就是物探工作设计的任务。因此，设计书既是指导野外施工的"法规"，也是审核工作质量和工作成果的重要依据。对于重要的物探工程，没有设计不准开工。

第一节　物探工作设计编写的一般原则

一、工作任务的确定

　　正确地确定工作任务，是保证物探工作取得良好效果的首要环节。只有既考虑甲方需要又具备必要的地质和地球物理条件的项目，才能作为生产任务项目进行物探工作设计。不具备地质和地球物理条件的项目，不能作为生产任务项目。地质和地球物理条件不明，方法有效性不能肯定的项目，只能作为试验项目。

二、物探工作设计的编写准备

　　在着手编写设计书之前，要做好充分的调查研究工作，其中包括广泛收集资料、实地踏勘、方法有效性试验和生产前的技术试验等。

(一)资料的收集和分析利用

　　在编写设计书前，要广泛收集并深入研究施工区及邻区有关的地质、物探、钻探和测绘等资料，其中重点是收集和分析与工作任务和使用工作方法有关的资料，同时也要收集和了解测区及其外围可能与工作有关的其他资料。

　　资料收集的途径，主要是本单位的资料室、在施工区及其邻近地区工作过的其他单位、国家的专门资料保存部门(如各省级地质矿产局和测绘局的资料单位)等。

　　根据对已有资料的分析研究结果，确定是否需要踏勘，踏勘的目的和内容，以及是否需要做试验等。

(二)实地踏勘

　　野外现场踏勘是进行设计之前实地了解施工区条件的一项重要调研工作，它一般包括下列主要内容：

1. 核对已收集的地质、物探、测绘资料。

2. 实地考察可能被包括的测区范围，了解与工作任务有关的地形、地貌、交通和生活条件。

3. 了解测区内可能存在的干扰因素种类、干扰水平和分布范围，研究通过各种技术措施消除或减少干扰影响的可能性。

4. 测定某些岩矿石的物性参数或地区物理场特征。

（三）方法试验

进行方法试验的目的是确定运用某种物探方法完成某项地质任务的有效性。如果地质条件简单、仪器设备轻便，方法试验可与踏勘工作同时进行。对于地质条件和地球物理特征复杂的地区，进行方法试验前应先编写试验方案，同时根据已有资料进行正演模拟实验或模型实验，以检验方法的效果，最后进行现场试验，经试验证明能够完成主要地质任务时，再正式编写设计书。

（四）技术试验

进行技术试验的目的是确定某种物探方法投入生产时应选择的技术，例如电法工作装置及其大小，地质雷达、地震和声波探测中的采样间隔和采样时窗范围等。方法试验应选择具有不同地质和地球物理特征、不同地形、不同覆盖条件的地段进行，从而使试验具有代表性。试验观测精度应达到规范精度要求，否则不能作为设计依据。

三、编写设计应注意的几个问题

1. 设计书编写要简明扼要，结构严谨。

2. 同一施工区有多种勘探方法施工时，各种勘探线的布置应尽可能互相重合，以利于成果资料的互相对比验证和综合使用。

3. 方法选用和指标、措施规定，既要保证完成既定的地质任务，又要注意经济合理。在根据地质任务选择物探方法时，合理选用主要方法和配合方法，尽量使用较少、较经济的方法来解决较多、较复杂的地质任务。

4. 合理安排各方法、各工种、各工序的力量、施工程序和进度，做到互相协调、进度均衡、室内工作及时。

5. 要充分安排试验工作和异常现场检查研究工作，并为难以预测的因素预留必要的工作量。

第二节　物探工作设计的主要内容

物探工作设计包括下列主要内容：

序言

说明设计的基本任务，物探工作的地质任务、技术关键；任务的来源；设计工作在国民经济中的意义；设计过程的概略介绍。

第一章　经济地理

介绍施工区交通位置、经济、居民、气候、地形、地貌。对与开展物探工作直接有关的问题要重点说明。

第二章　地质和地球物理特征

不同地质任务的设计书，对地质特征阐述的重点有所不同，不能千篇一律。对于找矿物探工作设计，应扼要说明设计区的大地构造单元、区域地质及测区地质概况，包括地层、构造、岩浆活动、成矿规律、共生矿物、围岩蚀变、矿体形态、找矿标志等。对于工程、水文物探工作设计，应重点介绍工程、水文地质情况。

根据以往工作和试验工作资料，用数据列表说明工作地区岩矿石物性参数，说明测区地球物理特征。分析在各种地质构造或地质体上可能观测到的各种物探异常。提出工作区的有利和不利因素。预计完成设计任务的可能性、解决地质任务的程度及主要技术措施。如果是找矿勘探中包括化探的综合物化探设计，还应包括地球化学特征。

第三章　对前人工作的评述

主要介绍设计区及其附近地区以往物探工作程度，包括工作单位、施工时间、工作比例尺、工作的面积和范围、投入的方法、施工方法技术、工作质量、物探异常特征、对物探异常的推断解释方法、物探工作效果、结论及存在问题。

引用前人资料，必须用物探数据评价其成果质量。根据所收集到的资料和设计试验资料，对前人的工作结论和问题进行详细分析、论证，提出肯定或否定的意见。

第四章　进一步工作设计

1.阐述本设计的总任务及物探工作所要解决的具体地质问题。

2.根据地质任务和测区地球物理条件，合理选择本次所投入的物探方法，说明投入各种物探方法的目的。

3.根据地质任务和测区的地质、地球物理条件，合理圈定测区、选择测网。

4.根据工作比例尺、物性条件及干扰程度，合理确定本设计各技术方法的总精度要求和各项施工技术指标。

5.根据本设计确定的比例尺和精度要求，参考规范，确定本设计中测量、物探野外工作方法技术与要求，包括各种方法及施工环节的技术要求和精度要求、选用的观测仪器及分析手段、保证质量的措施、各级检查的工作量。

6.根据设计要求，确定各种方法的资料整理内容、方法与要求，并设计异常推断解释的基本方法；说明拟采用的各种室内工作方法，包括野外观测数据分析、原始记录的检查计算、观测结果的各种校正、图件的绘制以及保证室内工作质量的措施；说明预期提交的各种物探成果资料及图件的图名、比例尺、张数。

7.规定质量检查和成果验收的方法和标准。

第五章　经济技术指标和组队

本章一般以表格形式(表3-1)说明各种方法的工作量、劳动定额、各工种的台日数,队伍的组织形式、人员编制,生产技术管理措施、主要仪器设备及交通运输工具配备情况。

根据工作任务,工作地区的具体条件及各方法、各工种之间的配合关系,按月按季地安排各种方法的工作日和进度,再加上基点联测、质量检查、异常研究工作,提出完成工作时间。对跨年度的总体设计,还需编制年度工作进度表。

根据工作地区特点,提出防止人身、仪器质量事故的措施。

表3-1　设计工作量表

方法	测网	点数	比例尺	面积	定额	台日数	备注

第六章　预期效果

对完成本设计工作之后将会取得的效果做出必要的估计。

在设计书正文最后,应附上设计附图目录。设计附图应包括设计区交通位置图、区域地质图、设计区地质地形图、物性综合柱状图、前人主要成果图、设计工作布置图(包括设计方法、进度、基测线、物探基点等)。

第四章　测网测地工作

第一节　测网及工作比例尺的选择

测网密度和工作比例尺的大小是由物探工作的详细程度而定的。一般来说，研究的程度越详细，测网密度越高，相应的工作比例尺越大。

一、测网选择

测网是由点距和线距组成的。在矿产勘探中，测线应大致垂直于构造走向，选择的线距应使拟勘探的最小矿体异常至少在 3 条测线上出现，选择点距时应使有意义的异常点至少有 3 个。在高层建筑地基勘察中，测线一般应与建筑基线重合，线距一般不超过 10 m，点距一般是 2~5 m。寻找地下水时，通常只进行剖面测量，点距一般为 10~20 m，精测剖面加密至 5 m。

二、工作比例尺的选择

工作比例尺是根据测网密度而定的。《物化探工程测量规范》规定，线距在图上应为 1~2 cm，点距应为 0.4~1 cm，由此可确定相应的比例尺。例如，10 m×5 m 的测网，相应的比例尺可定为 1:500，也可以定为 1:1000。常用比例尺和点线距的关系如表 4-1 所示。

表 4-1　常用比例尺和点线距的关系

比例尺	线距/m	点距/m
1:5000	50~100	20~40
1:2000	20~40	10~20
1:1000	10~20	5~10
1:500	5~10	2~4
1:200	2~4	1~2

第二节　测地工作

测地工作可以按两种顺序进行：一种是根据物探工作设计图的要求进行实地放样；另一种是先在工区布设好测网，然后根据各基点的坐标把测网落在图纸上。实际中一般根据具体情况选择其中一种方法。

一、测网布置方法

1. 当测线为三条以上且互相平行时，应首先布置基线。基线应与地层或构造的走向平行。测线则应垂直于地层或构造走向。当进行建筑地基勘察时，应沿建筑基线布置测线。

2. 基线必须自行闭合或附合在两控制点（三角点、图根点）之间。

3. 测线应垂直于基线，并从基线上相应的点开始，向两侧延伸。

4. 基线和测线的闭合长度应不超过表 4-2 的规定。

5. 基线和测线的闭合差应不超过表 4-3 的规定。

表 4-2　基线和测线的闭合长度　　　　　　　　单位：km

比例尺	改正误差为 2.5 mm			改正误差为 2.0 mm			改正误差为 1.2 mm		
	基线		测线	基线		测线	基线		测线
	自行闭合	附合		自行闭合	附合		自行闭合	附合	
1：1000	1.2	1.0	0.4	1.0	0.8	0.3	1.0	0.8	0.3
1：2000	2.4	2.0	0.8	2.0	1.5	0.5	2.0	1.5	0.4
1：5000	5.0	4.0	1.2	4.0	3.0	0.8	4.0	3.0	0.5
1：10000	9.0	7.2	2.0	7.2	5.0	1.5	7.2	5.0	1.0
1：25000	18.0	15.0	4.0	15.0	10.0	3.0	15.0	10.0	2.0

表 4-3　基线和测线的闭合差　　　　　　　　单位：km

比例尺	改正误差为 2.5 mm		改正误差为 2.0 mm		改正误差为 1.2 mm	
	基线	测线	基线	测线	基线	测线
1：1000	1.9	2.3	1.5	1.8	0.9	1.0
1：2000	3.8	4.6	3.0	3.6	1.8	2.2
1：5000	9.5	11.5	7.5	9.0	4.5	5.5
1：10000	19.0	23.0	15.0	18.0	9.0	11.0
1：25000	47.5	57.5	37.5	45.0	22.5	28.0

6. 基线和测线的测量一般采用经纬仪定向，视距定点。在地形平坦时亦可采用罗盘仪定向，测绳量距定点。

7. 基线的起始点（总基点）必须与工区附近的控制点（三角点、图根点）连测，以确定其坐标位置。如附近无控制点，则可暂时与一半永久性固定标志（电杆、大树、墙角等）连测，以便最后能将测网落在图纸上。联测方法有小三角网法、测角交汇法、视距导线法或极坐标法。

8. 基线上各基点和各测线的端点必须打上木桩作为固定标志。

9. 基线、基点，以及测线、测点的编号以分数表示，分子为基点（测点）号，分母为基线（测线）号。例如，10/2 表示 2 线 10 号测点。测线、测点的编号顺序以正北、北东、正东、东南向为测线、测点的大号方向。

10. 测点相对于三角点在相应比例尺的图上的最大误差为 2 mm。

11. 当点距小于 10 m 时，相邻点距误差应小于 6%；当点距大于 10 m 时，相邻点距误差应小于 4%。

12. 测深点布极方向差应小于 ±5°。

二、剖面布置方法

有些物探工程，例如地下水勘探、地下管线探测、追踪断裂破碎带等，只能根据工作进展情况临时布置测线，而不能预先布置测网，因此其测地工作也相应改变。

1. 首先确定测线的方向、长度。从测线的一端或任意一点开始进行测量。

2. 测线长度在 1000 m 之内时，必须采用重复观测法检查。

3. 测线长度大于 1000 m 时，必须采用闭合法检查。

4. 测线闭合差及观测精度与测网布置相同。

第五章　电法勘探

第一节　电阻率法

电阻率法包括电阻率剖面法和电阻率测深法两类方法。前者包括二极法、联合剖面法、对称四极法、中间梯度法和偶极剖面法。后者包括对称四极测深和三极测深（或联合三极测深）。

一、电阻率剖面法

（一）装置大小的选择

1. 中间梯度法：AB 距应为探测对象埋深的 10 倍以上，MN 为 $(1/30\sim1/50)AB$，一般等于 $1\sim2$ 倍测点距。一次布极的观测长度为 AB 中间 $1/3\sim1/2$ 的地段。可以采用一线供电、多线测量的方法来提高工效，但最远测线与供电测线的距离应小于 $(1/6)AB$。

2. 联合剖面法：AO（O 为 MN 的中点）一般应大于 $3H$（H 为探测对象埋深），但最大不得超过 300 m。MN 应在 $(1/3)AB\sim(1/10)AB$ 范围内选择，一般等于 $1\sim2$ 倍点距。无穷远极（C 极）应垂直于测线布置，CO 应大于 AO 的 5 倍。

其他剖面法用得较少，其极距选择原则可参考教科书。

（二）视电阻率计算

视电阻率按公式（5-1）计算：

$$\rho_s = K\frac{\Delta U_{MN}}{I} \tag{5-1}$$

其中，K 值按式（5-2）式（5-3）计算：

联合剖面法：

$$K = 2\pi\frac{AM \cdot AN}{MN} \tag{5-2}$$

中间梯度法：

$$K = 2\pi\frac{AM \cdot AN \cdot BM \cdot BN}{MN(AM \cdot AN + BM \cdot BN)} \tag{5-3}$$

（三）电源选择

电阻率法一般采用干电池（45 V 乙电池），也可采用专用升压电源或小型直流发电机供电。供电电流强度按下式计算：

$$I = K \frac{\Delta U_{MN}}{\rho_{smin}} \qquad (5-4)$$

式中：K 为装置系数（对于中间梯度法或电测深法，K 取最大值）；$\Delta U_{MN} \geqslant 1$ mV；ρ_{smin} 为测区可能的最小视电阻率值。

供电电源电压的估算公式为：

$$V = I \cdot R \qquad (5-5)$$

式中：R 为供电线路总电阻，其值为供电电极的接地电阻、导线电阻与电源内阻之和。

供电电源功率为：

$$W = I \cdot V \qquad (5-6)$$

例如，采用联合剖面装置工作，当 $AO = 110$ m、$MN = 20$ m 时，可算得 $K = 3770$ m。如果估计测区最小视电阻率值 $\rho_{smin} = 20$ Ω·m，则所需供电电流强度为：

$$I = 3770 \times \frac{1}{20} = 188(\text{mA}) \qquad (5-7)$$

设 $R \leqslant 500$ Ω，则有：

$$V = 188 \times 10^{-3} \times 500 = 94(\text{V}) \qquad (5-8)$$

因此，采用 2~3 块 45 V 乙电池串联使用，作为供电电源，可基本满足工作需要（乙电池短时间最大工作电流为 500 mA）。

（四）操作员注意事项

1. 每天开工及收工前都应检查仪器电源电压及工作状态是否正常，及时更换不符合要求的电池。

2. 观测电流或电压时，应正确选择仪器的量程。量程应由大到小进行调整，量程太小，读数超格，容易使表头或显示器损坏；量程太大，读数小于量程的 1/3，则读数精度不够。

3. 每天开工后应检查一次仪器、导线、电源的漏电情况。潮湿天气应增加检查次数，并作好详细记录。漏电检查方法见附录 2。

4. 对 ρ_s 曲线的突变点、可疑点，以及读数不稳定的点，应进行重复观测（不改变工作条件下进行二次或多次读数）。当两次读数测得的 ρ_s 值相对误差小于 5% 时，取平均值；否则应进行多次观测，舍去个别偏差大的读数，取其余读数的算术平均值。

5. 对重复观测后仍然存在的突变点，则应改变供电电极的接地电阻（将电极插深或拔浅），使供电电流强度改变 25% 以上进行观测，前后两次观测的 ρ_s 值误差应小于 5%，否则应查明原因（如导线漏电或仪器工作不正常等），予以消除。

6. 当日没做完的剖面，次日或以后观测时，至少应重复 2 个测点。

7. 收工时应检查仪器各开关是否关好。

（五）记录员注意事项

1. 必须及时将记录本上的各项记录要求，如日期、测区、装置、点线号、剖面方法及各项观测数据逐一填写清楚。

2. 针对操作员读数，必须回报一次，确认无误后，再填写在记录本上。

3. 必须用铅笔记录，数据应清晰端正，易于辨认。如原始数据记录错误，则应将错误数据划掉，在旁边写上正确数据。不允许用橡皮擦掉或涂改。

4. 应即时计算电阻率值，并绘制草图。

5. 如有异常点、突变点，应及时提醒操作员进行重复观测或检查观测。

6. 应注意将测线上特殊的地形、地貌、人文干扰、漏电检查等情况记录在相应测点的备注栏中。

（六）跑极员注意事项

1. 出工前应检查导线、电极，以及连接导线和电极的短导线的导通情况是否良好。

2. 应注意经常核对点号，避免跑错极距。

3. 电极不要打在垃圾堆、碎石堆、裸露岩石以及流水中，当测点刚好位于这些东西上时，接地电极位置可以适当前后左右移动，但供电电极沿测线方向的移动距离应小于 $AB/200$，垂直测线方向应小于 $AB/80$。测量电极沿测线方向的移动距离应小于 $MN/40$，垂直测线方向应小于 $MN/20$。如超出上述规定的移动范围，必须通知测站重新计算装置系数 K 值。

4. 导线穿过河流、池塘、水田时，应架空拉紧，不要让导线随风摆动，以免其切割地磁场产生感应电流而使读数不稳。

（七）质量检查与要求

电阻率法野外观测质量用均方相对误差 M 来衡量，M 按下列公式计算：

$$M = \sqrt{\frac{1}{2n}\sum_{i=1}^{n}\left[\frac{2(\rho_{si}-\rho'_{si})}{\rho_{si}+\rho'_{si}}\right]^2} \qquad (5-9)$$

式中：ρ_{si} 为第 i 个测点的原始 ρ_s 观测值；ρ'_{si} 为第 i 个测点的检查 ρ_s 观测值；n 为参与计算的点数。

电阻率剖面法检查量应大于总工作量的 5%，均方相对误差应小于 4%。否则应扩大检查量至 10%，如果仍然不合格，则数据全部作废。统计误差时可舍弃个别误差较大的点，但舍弃点数不得超过总检查点数的 1%。

二、电阻率测深法

1. 供电极距的选择：$\min(AB/2)$ 应小于第一层的厚度 h_1；$\max(AB/2)$ 应大于要求勘探深度的 5~10 倍。相邻极距的比值大约为 1.5，在模数为 6.25 cm 的双对数坐标纸上均匀分布，间隔 1.2~1.4 cm。

2. 测量极距的选择：$\dfrac{1}{30}\cdot\dfrac{AB}{2} \leqslant \dfrac{MN}{2} \leqslant \dfrac{1}{3}\cdot\dfrac{AB}{2}$。

3. 常用供电及测量极距见表 5-1。

表 5-1　常用供电及测量极距　　　　　　　　　　　　单位：m

编号	AB/2	MN/2	K	编号	AB/2	MN/2	K
1	1.5	0.5	6.28	19	340	70	2484
2	2.5	0.5	18.85	20	500	70	5500
3	4	0.5	49.5	21	750	70	12510
4	6	0.5	112.3	22	750	250	3140
5	9	0.5	254.7	23	1000	70	22330
6	9	3.0	37.7	24	1000	250	5890
7	15	0.5	706.0	25	1500	250	13740
8	15	3.0	113.0	26	2000	250	24740
9	25	3.0	323.0	27	2000	500	11780
10	40	3.0	833.0	28	3000	250	56160
11	40	12	191.0	29	3000	500	27490
12	65	3	2207	30	4500	500	62830
13	65	12	534.0	31	6000	500	112300
14	100	12	1290	32	6000	1500	35340
15	150	12	2926	33	8000	500	200300
16	220	12	6317	34	8000	1500	64660
17	220	70	976.0	35	10000	1500	102400
18	340	12	15110	36	15000	1500	233300

4. 电极布极方向通常沿测线布置。如受场地限制，也可沿其他方向布置。但同一剖面上的测深点，布极方向最好一致。

5. 对电测深曲线的突变点、畸变线段及不正常的接头点（交叉脱节、喇叭口或脱节间距大于 2 mm），应进行重复观测，核对极距，以及进行漏电检查。

6. 有时为了消除测深曲线的接头，测量极距可以固定不变，但应保证 $MN/2 \leqslant (1/3)AB/2$。同时保证在最大供电极距时，仍有足够的观测精度。

7. 电测深法的质量检查和要求与电阻率剖面法相同。

三、高密度电法

高密度电法是多功能、高精度电法的总称。它集合了电阻率剖面和电阻率测深法的综合优点，采用高密度布置电极的方式采集数据，以达到高精度解决地质问题的目的。多功能电阻率仪器集多功能、高精度、高速度、高可靠性及良好的功能可扩展性于一体。该方法广泛应用于金属与非金属矿产资源勘探、城市物探、铁道桥梁勘探等方面，亦用于寻找地下水、确定水库坝基和防洪大堤隐患位置等水文、工程地质勘探中，还能用于地热勘探。

实习仪器采用 WDJD-2 多功能数字直流激电仪配以 WDZJ-1 多路电极转换器进行高密度电法勘探。

（一）仪器主要特点及功能

1. WDJD-2 集发射、接收功能于一体，轻便灵活。

2. 全部采用 CMOS 大规模集成电路，配以独特的待机工作方式，整机体积小、耗电低、功能多，若操作员在 10 min 内无任何操作，则仪器自动关闭电源。

3. 一机多能：既能用于常规电法又能配合相同单位生产的 WDZJ-1 多路电极转器用于高密度电法，且两种模式能自由切换，两种模式下的数据互不影响。

4. 准确、高效：在保持良好数据重复性的前提下，一个有 552 个测点的高密度断面测量时间一般不超过 25 min。

5. 采用多级滤波及信号增强技术，抗干扰能力强，测量精度高。

6. 能自动进行自然电位、漂移及电极极化补偿。

7. 接收部分有瞬间过压输入保护能力，发射部分有过压、过流及 AB 开路保护能力。

8. 测量结果可在大屏幕显示器上绘成曲线，直观明了。

9. 大屏幕显示器与全汉字触摸键盘配以汉字菜单提示，操作极为方便。简易计算器可完成野外现场装置系数等常规计算。

10. 可任意设定工作周期，并有 9 种野外常用工作方法可供选择，包括极距常数、装置常数的输入与计算功能。

11. 极距常数表：对所有装置，可预先存储最多 100 组不同极距常数，从而避免相同极距常数反复输入可能带来的输入错误，仅输入一个编号就能调出相应组极距常数供使用或重新设置。

12. 接地电阻检查：可随时检查各电极接地情况，方便实用。

13. 超大容量数据存储：采用电阻率与激电方式时，最多可存储 2250 个测点（采用电阻率与自电方式时，最多可存储 3500 个测点）的数据。此外，仪器还可存储超过 43680 个测点的高密度电阻率数据。

14. 所有仪器设置参数及测量数据均有掉电保护能力，关机或更换仪器电池均不会丢失数据。

15. 配备的 RS-232C 接口能与其他微机联机工作。

16. 诊断程序可快速准确地判断出故障所在位置及主要损坏器件。

17. 全密封结构具有防水、防尘、寿命长等优点。

（二）仪器主要技术指标

1. 接收部分

（1）电压通道：±6 V±1%。

（2）输入阻抗：≥50 MΩ。

（3）视极化率测量精度：±1%。

（4）SP 补偿范围：±1 V。

（5）电流通道：5 A±1%。

（6）对 50 Hz 工频干扰压制优于 80 dB。

2. 发射部分

(1)最大供电电压：900 V。

(2)最大供电电流：5 A(供电电压≤900 V)。

(3)供电脉冲宽度为1~60 s，占空比为1∶1。

3. 其他

(1)工作温度：−10~+50℃，95%RH。

(2)储存温度：−20~+60℃。

(3)仪器电源：1号电池(或同样规格的镍镉电池)8节。

(4)整机电流：≤55 mA。

(5)质量：≤7 kg。

(6)体积：310 mm×210 mm×210 mm。

(三)高密度排列说明

1. α排列

该装置适用于固定断面扫描测量，电极排列如图5-1所示。

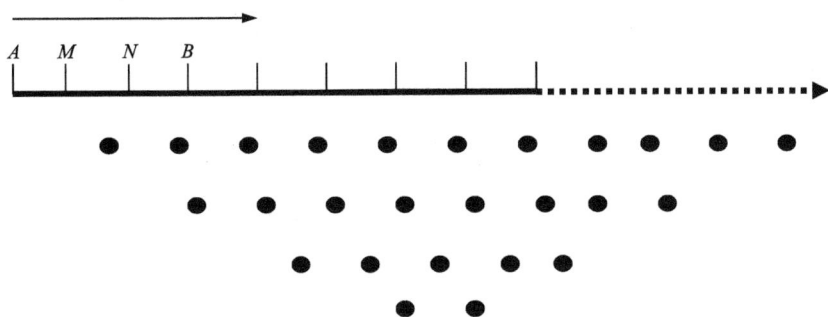

图5-1　α排列

【特点】测量断面为倒梯形。

【描述】测量时，$AM=MN=NB$为一个电极间距，A、B、M、N逐点同时向右移动，得到第一条剖面线；接着AM、MN、NB均增大一个电极间距，A、B、M、N逐点同时向右移动，得到另一条剖面线。这样不断扫描测量下去，得到倒梯形断面。

2. β排列

该装置适用于固定断面扫描测量，电极排列如图5-2所示。

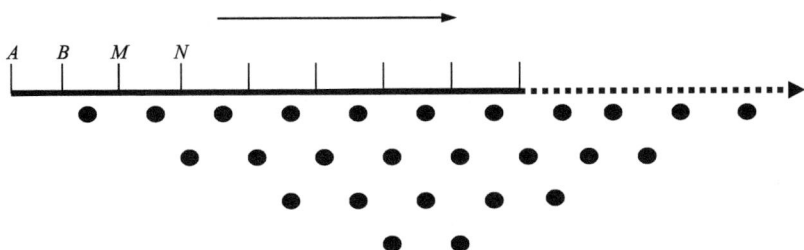

图5-2　β排列

【特点】测量断面为倒梯形。

【描述】测量时，$AB=BM=MN$ 为一个电极间距，A、B、M、N 逐点同时向右移动，得到第一条剖面线；接着 AB、BM、MN 均增大一个电极间距，A、B、M、N 逐点同时向右移动，得到另一条剖面线。这样不断扫描测量下去，得到倒梯形断面。

3. γ 排列

该装置适用于固定断面扫描测量，电极排列如图 5-3 所示。

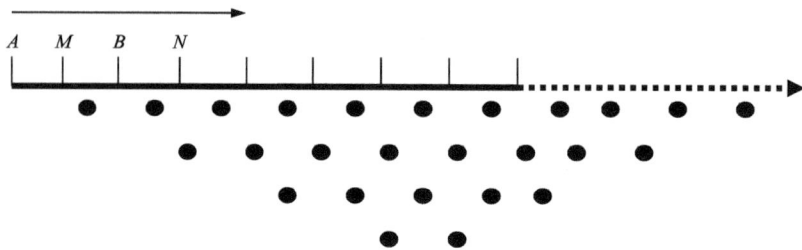

图 5-3　γ 排列

【特点】测量断面为倒梯形。

【描述】测量时，$AM=MB=BN$ 为一个电极间距，A、B、M、N 逐点同时向右移动，得到第一条剖面线；接着 AM、MB、BN 均增大一个电极间距，A、B、M、N 逐点同时向右移动，得到另一条剖面线。这样不断扫描测量下去，得到倒梯形断面。

4. A-MN-B 四极测深排列

该装置适用于变断面连续滚动扫描测量，电极排列如图 5-4 所示。

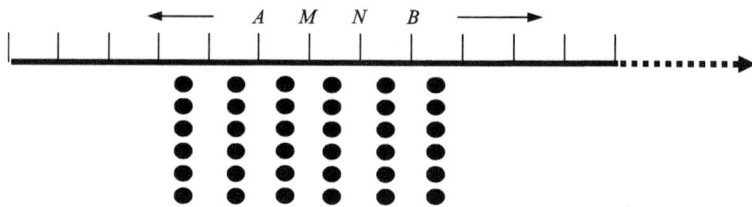

图 5-4　A-MN-B 四极测深排列

【特点】测量断面为矩形。

【描述】测量时，M、N 不动，A 逐点向左移动，同时 B 逐点向右移动，得到一条滚动线；接着 A、M、N、B 同时向右移动一个电极，M、N 不动，A 逐点向左移动，同时 B 逐点向右移动，得到另一条滚动线。这样不断滚动测量下去，得到矩形断面。

5. AB-MN 偶极排列

该装置适用于变断面连续滚动扫描测量，电极排列如图 5-5 所示。

【特点】测量断面为平行四边形。

【描述】测量时，A、B 不动，M、N 逐点向右同时移动，得到一条滚动线；接着 A、B、M、N 同时向右移动一个电极，A、B 不动，M、N 逐点向右同时移动，得到另一条滚动线。这样不断滚动测量下去，得到平行四边形断面。

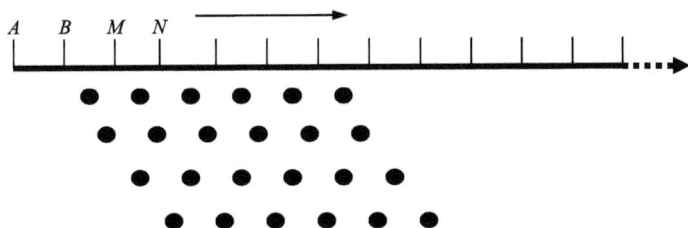

图 5-5　*AB-MN* 偶极排列

(四)高密度电法新增功能操作补充说明

MN 间距设定,对于"*MN-B* 滚动""α 排列""*A-MN-B* 四极测深""*A-MN* 矩形"等四种高密度装置,在建立断面时,还需输入"*MN* 间距数:",该参数用于设定 *M*、*N* 电极间的距离,其值为一个大于 0、小于 255 的整数,单位为"点距",也即一个基本电极间距。*MN* 间距数默认为 1,其可设定的最大值为实接电极总数/2-1。

例如,设点距=2.5 m,*MN* 间距数=3,则测量时 *M*、*N* 电极间的距离将始终保持 3×2.5 = 7.5 m。

第二节　激发极化法

1. 一般采用双极化短脉冲供电方式进行工作,使用 WDJD-2 型激电仪进行观测,供电时间为 1~59 s,初始值为 5 s。

2. 仪器可直读视极化率 M 或 η_s,不必用手工计算。

3. 激电法的测量电极必须采用不极化电极(装硫酸铜溶液的陶瓷电极或铅电极)。出工前应检查每对电极之间的极差,要求极差 $\Delta U \leqslant 2$ mV,否则必须更换或重新制作电极。

4. 施工中不极化电极必须挖坑埋设,电极周围用潮湿的细土压紧。坑底土壤若过于干燥,会使接地电阻太大,难以正常观测,此时应在坑中浇水润湿,5~10 min 后再埋设电极进行观测。

5. 为保证观测精度,必须有足够大的供电电流强度,使二次场电位差 $\Delta U_2 \geqslant 0.5$ mV。电流强度可按公式(5-10)计算:

$$I = \frac{K \cdot \Delta U_2}{\eta_s \cdot \rho_s} \tag{5-10}$$

式中:K 为最大装置系数;$\Delta U_2 = 0.5$ mV;η_s 取背景场值,一般 η_s 取 0.5%~1%;ρ_s 取测区中可能的最小视电阻率值,算得的电流强度单位为 A。

例:中间梯度装置,$AB = 500$ m,$MN = 20$ m,中点的装置系数最大,则

$$K_{max} = \pi \cdot AM \cdot \frac{AN}{MN} = \pi \cdot 240 \cdot \frac{260}{20} = 9802 \ (m) \tag{5-11}$$

若测区 $\rho_{smin} = 50 \ \Omega \cdot m$,$\eta_{smin} = 1\%$,则 $I = 9802 \times (0.5 \times 10^{-3})/(50 \times 0.01) = 9.8$ A。

设供电电极的接地电阻为 50 Ω,导线及电源内阻忽略不计,则供电电压(V)和直流发电机功率(W)分别为:

$$V = I \cdot R = 9.8 \times 50 = 490 (V) \tag{5-12}$$

$$W = I \cdot V = 9.8 \times 490 = 4802(\text{W}) \tag{5-13}$$

因此，在上述条件下，必须采用功率为 5 kW 的直流发电机供电，而且供电导线必须采用比较粗的电缆。如果能将接地电阻降低到 20 Ω，则

$$V = I \cdot R = 9.8 \times 20 = 196(\text{V}) \tag{5-14}$$

$$W = I \cdot V = 9.8 \times 196 = 1921(\text{W}) \tag{5-15}$$

综上，可采用 2 kW 的直流发电机，此时供电电压可降低到 200 V 左右。

6. 施工中必须了解测区地下人工导体的分布情况，并在记录的备注中注明其分布地点，以便于进行异常解释。

7. 质量检查与要求。

异常场用平均相对误差 δ 来评价工作质量，检查工作量应大于总工作量的 5%。其计算公式为：

$$\delta = \frac{1}{n} \sum_{i=1}^{n} \frac{2|\eta_{si} - \eta'_{si}|}{\eta_{si} + \eta'_{si}} \times 100\% \leqslant 10\% \tag{5-16}$$

式中：η_{si} 为基本观测值；η'_{si} 为检查观测值；n 为参加计算的检查点数。

正常场用平均绝对误差 ε 来衡量工作质量，其计算公式为：

$$\varepsilon = \frac{1}{n} \sum_{i=1}^{n} |\eta_{si} - \eta'_{si}| \leqslant 1\% \tag{5-17}$$

式中：$|\eta_{si} - \eta'_{si}|$ 为两次读数差的绝对值。

第三节　瞬变电磁法

一、仪器及工作装置

实习所用仪器为重庆奔腾数控研究所生产的 WTEM - 1D（大功率）及 WTEM - 1Q（浅部）瞬变电磁仪。

实习工作装置采用重叠回线或中心回线装置（图 5-6）及框回线装置（图 5-7）。

图 5-6　重叠回线或中心回线装置

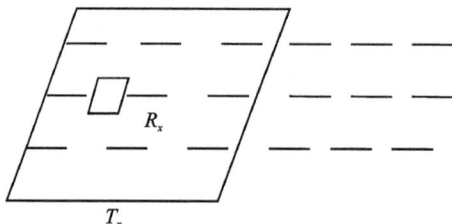

图 5-7　框回线装置

（一）回线边长选择

发射及接收回线的边长越长，则发射磁矩和有效接收面积越大，二次磁场的信号越强，勘探深度越大。但同时，回线边长越长，体积效应的影响越大，对地电体的横向分辨率降低。因此，选择回线边长时，必须兼顾勘探深度和横向分辨率，通常取回线边长为 1~2 倍的点距。

（二）回线圈数的选择

发射磁矩和接收线圈有效面积都与回线圈数成正比，但回线圈数增加时，回线的过渡过程延长，对早期测道造成严重干扰。因此，回线圈数应严格按仪器出厂说明配置，不能随意增加。特别是对于中心回线法，其接收线圈的绕制有严格的工艺要求，不能随意用一般线圈代替。

二、观测延迟时间和叠加次数的选择

1. 观测的延迟时间越短，反映浅部电性的能力越强；观测的延迟时间越长，反映深部导体的能力越强。因此，浅层探测选择的观测延迟时间应短一些，而深部探测选择的观测延迟时间应长一些。但应注意，观测延迟时间也受仪器灵敏度及噪声电平限制。

2. 叠加次数取决于测区的干扰情况。干扰越强，观测误差越大，则叠加次数要求越多。但叠加次数太多，又会导致观测时间延长，影响工作效率。

取样道数和叠加次数的选择应在野外现场，经过实地观测试验选取。

三、晚期（近区）视电阻率（ρ_τ）计算

1. 中心回线装置。

$$\rho_\tau = \frac{U_0}{4\pi t}\left[\frac{2U_0 Mq}{5tV(t)}\right]^{\frac{2}{3}} \qquad (5-18)$$

式中：$M = IST$，为发射回线磁矩；$q = SR \cdot N$，为接收线圈的有效面积。

2. 重叠回线装置。

$$\rho_\tau = 6.32 \cdot 10^{-3} L^{\frac{8}{3}}\left[V(t)/I\right]^{-\frac{2}{3}} t^{-\frac{5}{3}} \qquad (5-19)$$

式中：L 为回线边长，m；t 为测道时间，ms；$V(t)/I$ 为观测值，$\mu V/A$。

四、质量检查及要求

检查观测的工作量应大于总工作量的 5%，重点检查异常点及突变点。关于观测质量的评价，主要从以下几个方面进行：

1. 各测点原始观测与检查观测值的时间谱衰减规律应一致。

2. 单个测点干扰噪声电平以上各测道平均相对误差 δ_j 一般应小于 20%。

计算式：

$$\delta_j = \frac{1}{n} - \sum_{j=1}^{n} \frac{|V_{ij} - V'_{ij}|}{|V_{ij} + V'_{ij}|} \times 100\% \qquad (5-20)$$

式中：V_{ij} 和 V'_{ij} 分别为第 i 个观测点第 j 道的原始及检查观测值；n 为参加统计的测道数。

全区检查点的总均方相对误差(M)要求小于±20%，其计算公式为：

$$M = \pm \sqrt{\frac{1}{2mn} \sum_{i=1}^{n} \sum_{j=1}^{m} \left[\frac{V_j(t_i) - V'_j(t_i)}{V_j(t_i) + V'_j(t_i)} \right]^2} \times 100\% < \pm 20\% \qquad (5-21)$$

式中：m 为参加检查的测点数；n 为参加检查的测道数。

五、供电电流强度的选择

为了达到预期的勘探深度，应尽量增加发射磁矩，但在工程地基勘察中，往往要求方法的横向分辨率很高，因此，增大回线边长受到很大限制。此时，应在仪器最大工作电流范围内，尽可能采用大的发射电流，必要时应选用大功率的仪器进行工作。

六、干扰问题

1. 在城市中，特别是场地周围几十至几百米范围内，如果有较大的工业用电设备，或者有机动车行驶，往往会造成很强的电磁干扰，此时，应选择在用电设备停止工作时或者深夜进行观测。

2. 测区内地表如有水管、钢筋等人工导体，也会对观测结果造成严重干扰。回线应离开这些导体 1~2 m，如无法回避，则只能放弃该测点或整个测区。

第四节　大地电磁测深法

大地电磁测深(MT)仪器是通过同时对一系列当地电场和磁场波动进行测量来获得地表电阻抗的测深仪器。野外测量在时间域进行，要经过几分钟，观测时间序列经傅里叶变换后以频谱存储起来，然后通过电场和磁场的频谱值计算出表面阻抗，高频数据受到浅部或附近地质体的影响，而低频数据受到深部或远处地质体的影响。大地电磁(MT)测量给出了测量点以下垂向电阻率的估计值，在那些横向电阻率分布变化不大的地方，垂向电阻率的探测是对测量点下方地电分层的一个合理估计。

一、仪器

生产实习仪器采用 EH4，英文名称是 Stratagem。这套仪器是一种用来测量地下几米到1千多米深的地球电阻率的特殊大地电磁测深(MT)仪器。它既可以使用天然场源的大地电磁信号，又可以使用人工场源的电磁信号，以此获得测量点下的电性结构。

该仪器由两个基本组件构成：一个是接收机(图 5-8)，一个是发射机(图 5-9)。在高频段，天然信号通常比较微弱，使用发射机能够提高数据的质量；对于某些应用或某些情况下由发射机提供的额外的高频信号，我们可以不必使用。

该仪器可以有效地用于地下水调查、环境的地下特征调查、矿产与地热勘探及工程研究。因为该仪器的供电电池既灵巧致密又便携，所以即使在崎岖的山区和恶劣的地区也能顺利地进行操作和工作，仪器的快速采集速度和便携性为我们的勘察设计提供了更大的灵活性。

表面阻抗可以很快地以电阻率的形式显示出来，也可以一组一组处理，并实时在剖面中呈现出来,这种实时显现的灵活多样性能够让调查者根据对初步处理和测量结果的分析而改变测量设计。

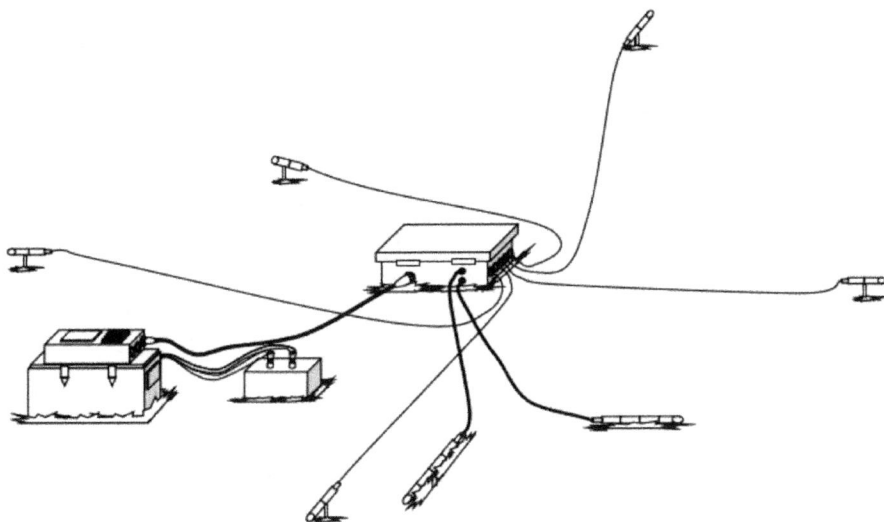

图 5-8 接收机布置示意图

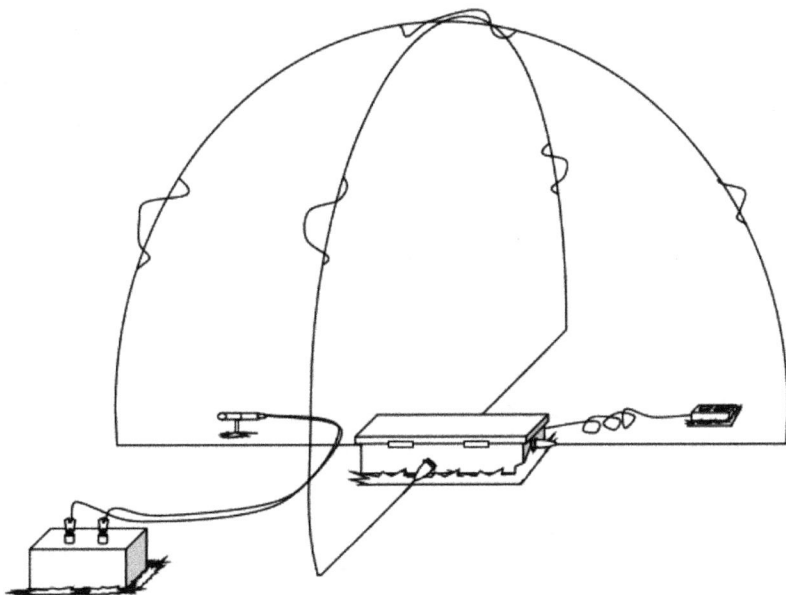

图 5-9 发射机布置示意图

二、野外操作

这一节将说明如何建立 Stratagem 系统和进行数据采集,重点说明以下内容:①接收机的设置和操作。②数据采集和处理。③发射机的使用。

（一）接收机设置

所有 Stratagem 电缆都配有优质带扣的接头，这些接头也带有盖。当电缆没有连接的时候，这些接头应该被盖起来，以防止水汽和岩屑进入而影响电路的接通；当电缆接通时，盖子应该被合上，以保持仪器内部的干净、干燥。

布置站点最简单的方法是把前置放大器（AFE）放在测点的中间位置，然后用前置放大器作为参考点来布置其他部件。由于 Stratagem 测量取决于磁棒的相对方向，所以测量时选择一个参考方向是很明智的。在以下说明中，我们将 X 方向作为参考方向，Y 方向就是沿 X 方向顺时针转 90° 的方向。完整的布置见图 5-8，以下是推荐的布置步骤：

1. 电极安装。

（1）如果可能的话，找一个放置前置放大器的地方，很明显，这一位置在电极线展开的方向上。

（2）在前置放大器的旁边安装接地电极，将接地电极用电缆接到前置放大器旁边的螺纹接线柱上。

（3）相对于测点的中心点用罗盘再寻找两条相互垂直的方向（误差不超过 +2°）。根据这两条线，布置电极（+和-，X 和 Y）。

（4）对每个电极来说，需要将电极线布置到所需的距离，然后将电极的一半插入地下。如果土壤坚硬，很有可能需要铁锹和镐。当 buffer（缓冲器，用来消除极化电位的波动）与电极相连时，不要拖动电极，因为这些电极里含有一个灵敏的电子电路，瞬时的碰撞可能破坏器件。

（5）当电极被埋到土里后，或者无论什么时候把 buffer 连接到电极上时，都要把 buffer 拧到电极里，直到紧紧相连，然后往回旋 1/4 圈，以防止螺纹由于热胀冷缩而脱离电极。

（6）回到前置放大器继续安装其余电子部件。在回去前，把电缆埋到土里，以减少由风产生的影响。

（7）把电极线插到 AFE 中，由 -X 到 X0，+X 到 X1，依次类推。

2. 磁棒的安装。

（1）把探头线 BFIM 连接到 "X" 磁棒和前置放大器上的 HX 插槽上。

（2）把磁棒放到离前置放大器几米处，地面要水平且磁棒要平行于 X 方向。如果放磁棒的地方明显不水平，要用铁锹挖一个合适的槽，在这个槽里磁棒要能水平放置且与 X 方向平行，误差夹角应在 +2° 以内。把探头用土埋上，以保证磁棒保持原来的方向，这样将会减少由风引起的噪声。

（3）用安装 X 探头的方法来安装 Y 探头，把 Y 探头放在至少离 X 探头 2 m 的地方，这些探头都是灵敏的电子装置，如果放得太近，它们就会相互影响。这些线圈含有磁化率很高的材料，将在一定程度上影响附近的磁场。因此，应该采用一种方法放置探头，使罗盘与任何一个探头的距离都不小于 0.5 m。

3. 主机设置。

把主机放在离前置放大器和磁棒至少 5 m 远的地方，打开主机盖子，把主机与主机电缆相连。需要注意的是，主机电缆两端的公母头，只有其中的一端和主机的一个插槽相匹配。

用电源线将电池与主机相连，黑线接负极，红线接正极，这样就完成了主机布置。如果是多个人布置站点的话，最好让其中一名队员检查整体安装情况，以保证磁棒的位置、方向和连接不出错。

4. 主机的操作。

EH4 主机是由 12 V 的铅蓄电池供电的。接通电源后，打开主机背后的开关。为了让主机不间断地正常工作，电源线的夹子一定要和电池夹紧，这一点很重要。主机启动后，电池电压将会通过电脑屏幕右下侧的指示灯显示出来。显示器的亮度可以直接通过电池指示灯上面的按钮来调节。电源被打开后，先对主机进行系统检查，装载 DOS 系统，然后运行 IMAGEM 程序，屏幕上将显示一个状态窗口和主菜单。状态窗口将显示 IMAGEM 的版本号、上个记录测点的文件名所选的滤波器，以及发射机和接收机的坐标和电极距。主机操作面板见图 5-10。

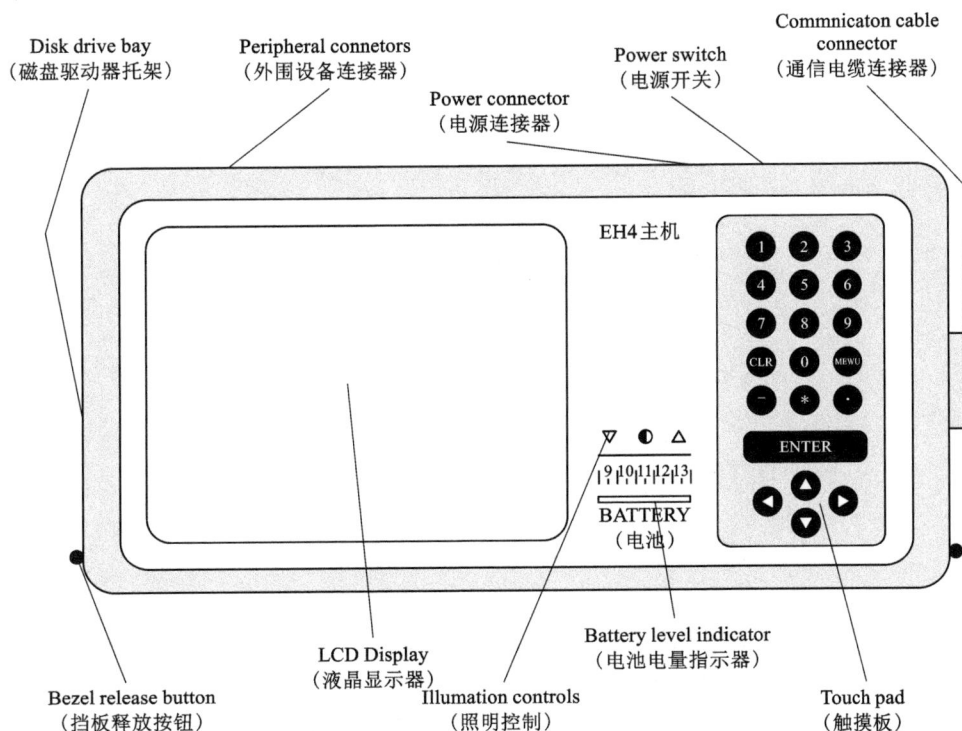

图 5-10　主机操作面板

一旦主机和磁棒与前置放大器（AFE）相连，增益设置和数据采集菜单就可以使用了。IMAGEM 菜单的使用参见仪器说明书。

（二）发射机的安装

1. 发射机的位置。

IMAGEM 计算的是测量点处介质的平面波阻抗值（ρ_ω）。其计算公式为：

$$\rho_\omega = -\frac{i}{\omega\mu_0}\frac{|E_x|^2}{|H_y|^2} \tag{5-22}$$

要使这个计算正确,测量点必须离发射源足够远,即位于发射源的远场区域。原则上讲,远场区开始于场源的三倍趋肤深度处。在给定介质电阻率 ρ 和频率 f 的条件下,趋肤深度(δ)的计算公式为:

$$\delta = 500\sqrt{\frac{\rho}{f}} \qquad (5-23)$$

将这个公式和远场原则结合起来,以远场距离为纵轴、频率为横轴,绘制而成的曲线簇代表的就是地下介质电阻率的分布,如图 5-11 所示。

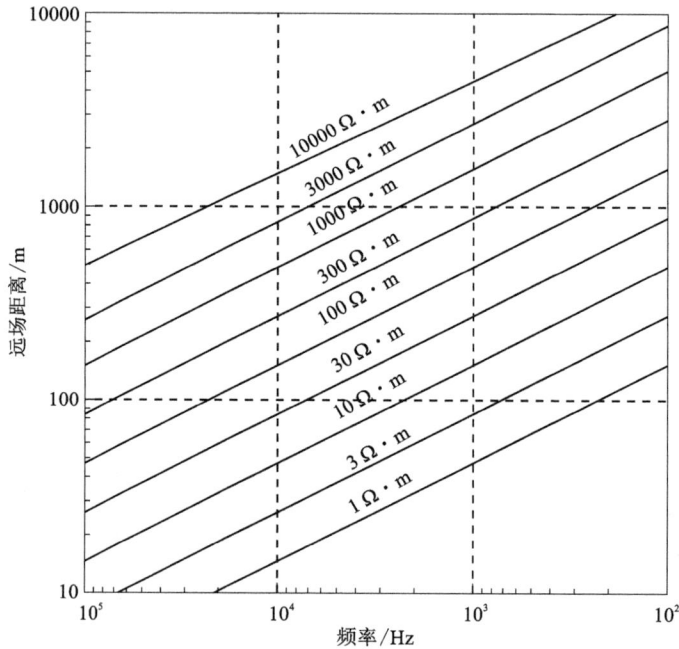

图 5-11 不同频率的远场距离图

要正确使用图 5-11,就得对发射机与接收机之间地下介质的整体电阻率有个准确的估计。若对测区的地电特性一无所知,一开始就把发射源放在离接收点 250 m 远处(大功率发射机则放在 500 m 远处)。参考数据评估中有关近区影响的描述。相对于不同介质电阻率来说,远场的距离是变化的。图 5-11 是用来预测 Stratagem 发射机与接收机之间的偏差的,而这要求在发射源的远区进行测量。例如,若测区下面的介质电阻率是 30 Ω·m,则频率为 1000 Hz 的远场距离为 250 m,即 1000 Hz 处的垂线与 30 Ω·m 电阻率线的交点所对应的值。

图 5-11 对两种不同功率的发射源即小功率发射机(400 Am²)和大功率发射机(5000 Am²)都适用。在平均电阻率为 500 Ω·m 或更大的测区,还要采用大功率天线。如果瞬间磁场很大,允许天线与发射源之间的距离为采用标准天线时距离的两倍。在理想情况下,接收机到发射源之间的最大有效距离:标准功率发射机为 400 m,大功率发射机为 800 m。标准天线的发射频率是从 800 Hz 到 64 kHz,大功率天线的频率范围是从 400 Hz 到 32 kHz。

2. 功率为 400 Am^2 的发射机的装配。

（1）发射机最简单的摆放方式就是放在水平、宽阔的场地上。

（2）把发射机的各个组件放在包里一起挪动。

（3）把两个发射天线全部展开，交叉放置成"十"字形。这时发射机要连接的 4 个部分（图 5-9）是分开的。

（4）通过连接垫圈把两个天线装在一起，成"十"字形放在中间。

（5）天线的其他部分通过滑动天线棒连接在相互对着的套管中。

（6）把天线底端相对着的粗线勾在一起，这样就把绞合好的天线拉成了拱形。

（7）依次把两根天线弯至垂直状态。当两根天线弯到与地面垂直的状态时，它们就可以独立地立在平地上了。

（8）把发射机平放在天线交叉处。连接天线的各根缆线到发射机中，每根缆线的端部接在发射机的各个相对侧面上。

（9）把发射机的控制开关接上。

（10）把电源线接到发射机上，地线插入地下。

（11）把电源线的另一端接到 12 V 的电瓶上。黑色线接负极，红色线接正极。

3. 功率为 5000 Am^2 的发射机的组装步骤。

（1）这套仪器的组装需要两个人。如果只有一个人，需要再找一个人来帮忙。

（2）在发射机缆线上扎上带子标记其中心位置及需要转角的位置。

（3）把缆线在其中心标记处放置成"十"字形。

（4）在缆线做了转角标记的地方，用夹子把缆线夹在天线杆的终端。夹住缆线之前，要先拔掉夹板上的插针，然后把缆线放在夹槽里，再插上插针。要保证转角标记放在插插针的地方。

（5）把天线杆的端部也夹在夹板上，并保证其处于垂直状态。让助手先把第一根缆线放好，然后让另一根和它成"V"字形摆放。交点位置就是在缆线上做了中心标记的地方。

（6）在固定天线杆的时候，让助手松开交叉处的缆线。最后，用粗线及发射机的缆线把天线杆绑好，使它能够独立地立住。

（7）检查发射机缆线另一端转角天线杆的安装。要把它垂直放在缆线中点接地处。

（8）装好其他发射圈的转角天线。

（9）把接在天线上的缆线放在套管中，并让天线杆垂直。

（10）拿起天线杆，让助手把另一根天线杆放在下面。检查所有中心处的天线部分是否等高。

（11）检查天线圆盘的各个角，确认它们垂直、没有松脱。在一些缆线上，可能要做些松紧调整来调节各个天线杆，使之相互垂直，并且使所有的缆线都拉直。

（12）组装发射机的其余部分，在前面小功率发射机的介绍中都有描述，这里不再赘述。

4. 发射机的操作。

Stratagem 发射机具有自动调节功能。它能感测其本身的负荷并发射出一套最佳频率的信号。基于此，大功率发射机产生的倍频带要低于标准发射机的频带。这种发射频率的变化不需要操作人员来操作控制，因为 Stratagem 系统会在它所获取的频带上感测所有的频率。

发射机由控制缆线末端 5 m 处的控制开关控制。发射频率自动改变的周期与接收机数据采样的周期相同。因此，信号的发射开始时间必须在同周期采样频带开始的两三秒以内，这一点非常重要，可以通过接收机与发射机之间的信号标志或发射与接收的时间安排来实现。经验表明，用人工控制同步是这两种方法中较好的一种。

控制源采样操作很简单。接收机的操作员选好数据采样参数并设定频段项为"7 14"。当发射机的操作员打开发射开关时，接收端的工作人员按下"ENTER"键。时间序列的周密测试和傅里叶变换的演示都可以显示发射机的信号特征。工作时，控制开关上的指示灯会有规律地一闪一闪。当停止发射时，指示灯就不闪了(4~5 min)。如果发射机的启动失败，按下开始按钮，发射频率可以在任意时间重新开始进行扫频。

在一个具体的勘查过程中，有时要挪动发射机。如果标准发射机不能挪到远处，或者不能到达新的测点位置，最简单的方法就是挪动装好的帐篷式天线。标准天线重几千克，通过以下步骤，只需一两个人就可以挪动天线：

(1)切断电源。
(2)松开天线缆线与发射机的连接。
(3)用绳子把缆线接到天线极上。
(4)挪动天线到新测点。
(5)挪动发射机模件、控制开关以及电瓶到新测点。
(6)接上天线缆线和发射模件。
(7)接上开关。
(8)把电源线和电瓶接到发射控制装置中。
(9)检查各个连接线路。
(10)等待接收机操作员发射开始信号。

5.发射机的安全考虑。

Stratagem 发射机是针对一些安全和便利的场地进行设计的。遵守一些简单的操作原则将使该系统的运行更稳定、更安全：

(1)无论在什么地方，都要在放天线的地方扎桩。尽管在有些地方做不到扎桩要求，如该地点土质特硬，或是石块区，或是道路，但是在这些地方放仪器比较安全，可不要求扎桩。
(2)操作发射机时，至少要远离天线 3 m。

每次在开始测量时都要最后接电源，停止工作时最先关电源。

三、数据处理与解释

1.利用 SURFER 软件做出视电阻率断面图。
2.利用仪器自带的 BOSTICK 空间滤波一维反演软件对视电阻率进行反演，把所有测点的一维反演结果排列在一起，形成二维反演结果。空间滤波实际上相当于对数据进行圆滑处理，选择不同的滤波系数可以凸显局部或区域异常体。
3.综合地质、物探、钻探资料对反演结果进行地质解释，画出地质解释图。

第五节　管线探测

地下管线探测是指为确定地下管线属性和空间位置而实施的全部作业过程，包括地下管线探查和地下管线测绘两个基本内容。地下管线探查是指通过现场调查和运用各种探测手段探寻地下管线的埋设位置、埋设深度和相关属性，并在地面上设立表述管线空间特征的管线点。地下管线测绘是指对所观测点的平面位置和高程进行测量，并绘制地下管线图，有时还需要按照任务要求建立地下管线信息管理系统。因而，管线探测宽泛的定义为：获取地下管线走向、空间位置、附属设施及其有关属性信息，绘制地下管线图，建立地下管线数据库和信息管理系统的过程，包括地下管线资料调绘、探查、测量、数据处理与管线图绘制、信息系统建立等。

用于地下管线探测的物探方法有很多，如频率域电磁法、电磁波法、探地雷达法、主动声源法等，本教学与生产实习主要开展频率域电磁法管线探测。频率域电磁法主要应用于地下管线探查，根据场源性质可分为被动源法和主动源法。主动源法又可分为直连法、感应法、夹钳法等。被动源是指工频（50~60 Hz）及空间存在的电磁波信号（甚低频），主动源则指通过发射装置建立的场源。

一、直连法步骤

步骤 1：熟悉 TX-10 发射机的组成、键盘和屏幕的功能和使用方法。

步骤 2：清除目标管线连接处的腐蚀物，将电缆连接在发射机的输出插座上，红色线连到目标管线连接处，在远离目标管线 3~5 步远处，用黑色线连接地钎并接地，尽量与目标管线可能的走向成直角。

步骤 3：将外接充电锂电池插入发射机外接口；打开 TX-10 发射机的电源键，按频率键，选择 33 kHz；按上下箭头选择发射信号大小，要求电流值至少达到 30 mA；若输出电流太小，检查发射机与目标管线的接触和发射机接地情况，调整接地位置或向干燥的泥土中洒点清水或盐水。

步骤 4：打开接收机的电源键，按频率键，选择 33 kHz；按上下箭头选择发射信号大小。按天线键，选择峰值模式。

步骤 5：以发射机位置为圆点，提着接收机绕距离发射机 5~10 m 远的地方测量一圈。若异常信号增大，查看接收机上罗盘显示的管线方向，根据罗盘指示的管线方向摆正接收机，调大增益到约 60%，并沿指示的管线方向继续往前探测。

步骤 6：在管线中段位置进行深度测量。

(1)用接收机根据目标管线峰值和谷值响应对定点进行定位。如果两个位置不一致，则表示有干扰存在，重新施加发射机信号并清除不需要的信号后再试一次，在两个信号响应一致的地方进行深度测量。

(2)将接收机放在管线正上方，使机身与管线成直角并与地面垂直，调节灵敏度使显示器读数在量程范围内；检查接收机是否处于管线工作方式，按探测键显示深度，再按探测键，使接收机返回原工作方式。

(3)若大地中出现一个强辐射场，则表明附近可能有无线电台，此时，使天线的底部高出地面 5 cm，并从显示出来的深度中减去 5 cm 即得管线的深度。

若对深度测量结果有怀疑，可使接收机高出地面 0.5 m 后再测量一次进行验证，如果测量值也增加 0.5 m，则表示深度测量的结果正确。

步骤 7：利用粉笔标记的管线位置，结合周边标志性建筑物，绘制探测区域的管线分布图。

二、感应法步骤

步骤 1：接上外接锂电池，打开 TX-10 发射机的电源键，按频率键，选择 33 kHz；按上下箭头选择发射信号大小；把发射机放在直埋管线的正上方，并使发射机与管线处于同一条直线上，在距离发射机至少 10 步远的地方开始探测管线。

步骤 2：打开接收机的电池盒，安装 2 节 1 号电池；按电源键开机，按频率键，选择 33 kHz；按上下箭头选择发射信号大小；按天线键，选择峰值模式。

步骤 3：将发射机放在距接收机一定距离的地方，使接收机机身面对发射机，两两同时移动，注意观察发射机屏幕信号值的变化。当经过管线正上方时，信号增大，左右走动确定信号的最大值。

步骤 4：接通发射机电源，在信号最大值处停下来，垂直放下接收机进行定位，用粉笔在此位置做标记。

步骤 5：把发射机放到接收机所在位置，然后提着接收机沿着感应的管线方向继续往前探测。

步骤 6：在管线中段位置进行深度测量，操作步骤与直连法步骤 6 相同。

步骤 7：利用粉笔标记的管线位置，结合周边标志性建筑物，绘制探测区域的管线分布图。

三、夹钳法步骤

步骤 1：把夹钳的插头插入发射机的输出插座；用夹钳套住管线，保证夹钳的钳口闭合。

步骤 2：接上外接锂电池，打开 TX-10 发射机的电源键，按频率键，选择 33 kHz；按上下箭头选择输出功率大小。

步骤 3：打开接收机的电池盒，安装 2 节 1 号电池；按电源键开机，按频率键，选择 33 kHz；按上下箭头选择发射信号大小；按天线键，选择峰值模式。

步骤 4：将接收机放在距离发射机 3~5 m 处，使接收机机身面对发射机绕一圈，同时注意观察接收机屏幕信号值的变化。当经过管线正上方时，信号增大，左右走动确定信号的最大值。

步骤 5：在信号最大值处停下来，垂直放下接收机进行定位，用粉笔在此位置做标记；然后提着接收机沿着显示的管线方向继续往前探测。

步骤 6：在管线中段位置进行深度测量，操作步骤与直连法的步骤 6 相同。

步骤 7：利用粉笔标记的管线位置，结合周边标志性建筑物，绘制探测区域的管线分布图。

四、被动源法步骤

步骤 1：熟悉 RD8100 型管线探测仪接收机的功能和键盘使用方法。

步骤 2：打开电池盒，装入 2 节 1 号电池；按电源键开机，可见开机后的屏幕。

步骤 3：按频率键图标选择工作模式，若采用电力模式进行探测，选择"Power"；若采用无线电模式进行探测，选择"Radio"。

步骤 4：按上下键图标，调节灵敏度，获得合适的读数。

步骤 5：在指定探测区域，提着接收机沿测线平稳行走，机身面向移动方向成一直线且尽可能与探测管线成 90°，按网格搜索方式进行探测。当接收机响应显示有管线存在时，立即停下，用粉笔在管线位置处做好标记。

步骤 6：利用粉笔标记的管线位置，结合周边标志性建筑物，绘制探测区域的管线分布图。

第六节　地质雷达探测

地质雷达法是利用超高频电磁波探查地下介质分布的一种地球物理勘探方法，可以探查地下与围岩介质具有显著介电性、导电性、导磁性差异的目标体。其原理主要利用发射天线的脉冲电磁波，基于电磁波对不同物性介质具有不同的波阻抗，在介质的界面上会产生反射和折射，通过地面接收天线观测返回的反射电磁波脉冲，可推断地下介质的分布。本教学与生产实习主要学习剖面法、宽角法观测方式。

一、地质雷达仪器操作

步骤 1：熟悉 SIR-4000 型地质雷达主机和控制面板上各个按钮的功能和使用方法。主机控制面板上主要有 16 个功能键：电源键、方向键(包括 5 个子方向键)、返回键、开始键、结束键、标记键、软件控制键(包括 6 个子控制键)等，还有 1 个电源指示灯、1 个数据采集指示灯和 1 个控制旋钮。

步骤 2：熟悉 SIR-4000 型地质雷达主机顶部 7 个连接端口的功能和使用方法。面对主机顶面，从左到右的连接端口依次是：13 针数字天线连接端口、19 针模拟天线连接端口、外接电源端口、GPIO 拓展端口、HDMI 视频、串口(RS232)、USB 2.0 接口。

步骤 3：熟悉主机左侧和右侧端口的功能及使用方法。左侧设置有电池槽，顺时针旋转主机左侧电池槽旋钮 90°，打开主机电池槽，电池槽的特点是有一个活动的卡片，即锁扣，可确保电池安装时卡住电池。槽内有一个弹簧，掰开卡片电池会自动弹出。使用过程中一定要保持左侧和右侧面板覆盖单元关闭，以确保任何灰尘或污垢都不能进入单元内部。右侧包含 USB 和网口两个端口，其中，USB 端口可以与外部 USB 存储器连接传输数据，网口可用于以后新功能的开发。

步骤 4：安装电池，连接主机和天线。顺时针旋转主机左侧电池槽旋钮 90°，打开主机电池槽，将电池放入电池槽；将电缆线"母口"接到天线上，电缆另一端 13 针"公口"接到主机的模拟端口，再把两个保护盖拧在一起，连接地质雷达主机与天线。

步骤 5：开机。按电源键 ▓▓，电源指示灯 ▓ 呈红色闪烁状态，待主机正常开启，电源指示灯呈红色常亮；开机后，主机将直接进入主界面。

步骤6：旋转控制旋钮 ，选择专家模式。专家模式下，所有测量参数均可调整和修改。

步骤7：旋转控制按钮 ，选择最近已用设置，即调用上次数据采集时的测量参数。

步骤8：按开始键 [START] 进行数据采集；采集结束后按停止键 [STOP] 结束数据采集。

二、剖面法观测

剖面法是一种发射天线（T）和接收天线（R）以固定间距沿测线方向进行等距离同步移动的地质雷达测量方式。数据采集过程中，收发天线间距固定不变，沿测线方向进行等距离同步移动，剖面法测量结果通常采用时间域地质雷达剖面表示，横坐标记录天线在地表的位置，纵坐标为反射波双程走时，其结果能较为准确地反映测线下方地下各反射界面形态。

测量模式是指驱动地质雷达收发天线进行数据采集的方式，主要有距离模式、时间模式、点测模式。距离模式一般采用测距轮或人工设置标志点来确定距离进行测量，通常应用于地形比较平坦或障碍物很少的情况。时间模式一般通过改变时间来驱动数据采集，通常应用于地形比较平坦或障碍物很少的情况。点测模式一般通过人为控制主机或天线来进行数据采集，并以测点为单位进行移动和测量，一般在地形比较复杂或障碍物较多的情况下开展。采用距离模式进行数据采集的步骤如下。

步骤1：测线布置。

在桂林理工大学雁山校区校内地质雷达实验场地，利用米尺布置20 m的地质雷达测线。

步骤2：连接主机和天线。

将电池装入主机电池槽中，用电缆线连接中心频率为400 MHz的天线与SIR-4000型地质雷达主机。

步骤3：连接手柄和测距轮。

首先，将测量手柄安装在天线上方的两个垂直金属板中间，用两个金属栓来调整手柄角度，将手柄上标记的电缆连接到天线的MARK接口上。然后，将测距轮连接到天线后面，并把控制电缆线连接到天线的SURVEY接口（确保三角板面朝下）上。采用距离模式进行数据采集时，需安装测距轮，若采用时间模式或点测模式，则不需安装测距轮。

步骤4：开机并设置工作项目名称。

按电源键 开机后选择专家模式；旋转控制旋钮 或移动方向键 ，将新建项目按钮 激活，并按确定键后通过旋转控制旋钮依次选择相应字母，设置新建项目名称，如新建项目名称为"EXPERIMENT TEST"。

步骤5：设置测量参数。

（1）按键 ，进入雷达菜单，旋转控制按钮或方向键依次设置或调整采集模式为距离方式，扫描/秒为350，采样/扫描为512，扫描/米为25.0，米/标记为5.0，介电值为6.0，土壤类型为路面，深度范围为2.50 m，记录长度为40.00 ns，信号位置方式为手动，延时为-10.64 ns，表面为0.0 m。

（2）按键 ，进入处理菜单，旋转控制按钮和方向键设置增益方式为手动，并自主编辑增益曲线，调整发射子波形态；FIR低通和FIR高通设置为关闭，FIR叠加设置为关闭，FIR背景去除设置为0，IIR低通和高通分别设置为800 MHz和100 MHz，IIR背景去除设置为 0，信号底跟踪为关闭。

（3）按键█████，进入输出菜单，通过旋转控制按钮或方向键依次设置或调整数据路径设置为默认路径"EXPERIMENTTEST. PRJ"，垂直刻度为深度，垂直单位为米，水平单位为米，颜色比例为黑白，显示波形曲线为开启，显示双曲线为关闭，颜色变换为关闭，颜色拉伸为1.00，颜色滑动为0.00。

（4）按键█████，进入输出菜单，通过旋转控制按钮或方向键依次设置或调整亮度为25%，音量为95%，自动保存开启，保存设置为 SETUP01，调用设置为 SETUP01，标定测距轮详细设置见以下步骤。

步骤 6：标定测距轮。

按键█████，进入输出菜单，点击标定测距轮选项。测距轮标定主要步骤如下：

（1）旋转控制按钮，调整测量轮模式为积分，选择标定距离，如设置为 20 m；

（2）将天线放置在起点，点击开始键█████，打开测距轮标定界面；

（3）将天线移动至终点；

（4）按停止键█████；

（5）旋转控制按钮█，点击"应用"，保存退出。

步骤 7：数据采集。

首先将天线放置在测线起始位置，然后按开始键█████，通过拉杆移动天线进行数据采集，直至测线末端，按结束键█████结束数据采集。

步骤 8：数据导出。

测量完成的数据将默认以 . DZT 格式保存在数据存储工作目录，需用 U 盘将其拷贝出来。首先，将 U 盘插入主机顶部的 USB2. 0 端口，然后退回到专家模式界面，点击"回放"菜单，进入回放模式，会弹出对话框，旋转控制按钮使得需要导出的数据背景颜色变深，然后按控制按钮选中，此时选中的数据会出现白色"√"标记，再点击"复制到 USB"，即将数据拷贝到 U 盘中。

步骤 9：数据显示及成图。

利用 RADAN 7 软件对采集的地质雷达数据进行显示及成图。

三、宽角法观测

根据收发天线移动方式的不同，宽角法分为共源测量法和共中心点测量法两种。其中，共源测量法是指发射天线固定在某个测点上，接收天线沿测线等距离移动的测量方式；共中心点测量法是指收发天线移动过程中，保持收发天线的中心位置不变，逐渐增大收发天线间距的测量方式。本书采用共源测量法和点测模式进行数据采集。

假设收发天线的偏移距为 x_i，界面的埋深为 d，地下介质的电磁波传播速度为 v，高频电磁波的双程走时可表示为：

$$t(i) = \frac{\sqrt{x_i^2 + 4d^2}}{v} \tag{5-24}$$

不断改变偏移距 x_i，即可获得共源不同偏移距条件下的双程走时 t，利用数学方法可估计出层状介质的电磁波速度 v。

步骤 1：测线布置。

在桂林理工大学雁山校区校内地质雷达实验场地，利用米尺布置 20 m 的地质雷达测线。

步骤 2：连接地质雷达辅助设备，设置测量参数。

首先将 2 根电缆线分别连接天线与地质雷达主机；然后安装电池，连接手柄。

步骤 3：开机并设置测量参数。

按电源键 ▭ 开机，并设置新建项目名称和测量参数；采集模式设置为点测模式，其他测量参数设置类似。

步骤 4：采集数据。

首先将发射天线固定于测线起始位置 0.0 m，接收天线放置于 0.3 m，然后按开始键 ▮▮▮▮，采集这个偏移距的地质雷达数据。接着，将接收天线按表 5-2 的水平位置依次放置并进行移动，每次移动 0.05 m，按开始键 ▮▮▮▮ 采集相应偏移距的地质雷达数据，沿测线方向移动 40 次，当接收天线移动至 2.3 m 时，按结束键 ▮▮▮▮ 停止数据采集，共采集 41 道地质雷达数据。接收天线每次移动后的水平位置和偏移距如表 5-2 所示。

表 5-2 共源测量时每次天线移动位置和偏移距表

移动次数	接收天线水平位置/m	偏移距/m
1	0.30	0.30
2	0.35	0.35
3	0.40	0.40
4	0.45	0.45
5	0.50	0.50
6	0.55	0.55
7	0.60	0.60
8	0.65	0.65
9	0.70	0.70
10	0.75	0.75
11	0.80	0.80
⋮	⋮	⋮

步骤 5：数据导出。

将 U 盘插入主机顶部的 USB2.0 端口，然后退回到专家模式界面，点击"回放"菜单，进入回放模式，弹出对话框，旋转控制按钮使得需要导出的数据背景颜色变深，之后按控制按钮选中，此时选中的数据会出现白色"√"标记，再点击"复制到 USB"，即将数据拷贝到 U 盘中。

步骤 6：数据成图。

利用 RADAN 7 软件对采集的地质雷达数据进行显示及成图。

第六章　地震勘探

地震勘探的野外工作主要包括三方面，即资料收集、试验工作和完成生产任务。其中收集资料和试验工作是资料解释的重要基础，在地震勘探实习中要注重试验工作的训练。

第一节　干扰波调查

在进入一个新区进行工作之前，首先要了解测区内存在的有效波和干扰波，为此要做的试验工作称为干扰波调查。

干扰波和有效波之间在运动学方面的差异主要表现为视速度、波至时间、波动振幅和波形宽度的差异。动力学方面表现为频谱的差异。了解这些差异后，可对震源、地震勘探仪器、观测方式和数据处理技术等提出相应的要求。

干扰波调查剖面的制作：

1. 勘探深度要求在 10~20 m 范围内，干扰波调查剖面的道间距一般为 0.5~1 m，勘探深度增大时采用 1~2 m 道间距；偏移距一般为 1 m；剖面的长度根据勘探深度确定；以折射波为有效波时，应制作相遇剖面。

2. 采用 100 Hz 和 38 Hz 检波器接收。

3. 进行地震仪上固有滤波器的相应试验。

4. 利用速度分析软件，对干扰波调查剖面上的各种波进行分析、抽样，了解各种波动的特征，主要包括波的种类、每种波的频率和视速度、有几组折射界面和反射界面、反射系数的极性、折射界面是否倾斜，目的层折射波的临界距离、反射波的最佳接收区域等。

5. 了解主要干扰波的特征，如声波、面波的分布范围，是否存在多次反射波，是否有工业电干扰等。

6. 利用根据试验剖面了解的参数设计理论模型，通过模型计算结果检验推断模型的正确性。

7. 地震波场的模型模拟方法：

模型模拟是指根据测区内已知的地质信息、波速信息和从试验剖面上获得的信息，设计地质模型，利用合成地震道的方法模拟地震记录，利用射线追踪法计算时距曲线。一般要模拟波组（包括反射波、初至折射波、面波、声波、直达波）的波至时间。

根据计算的时距曲线和模拟地震记录可以进一步确认试验剖面的分析结果，并选择合适的反射波接收段。

第二节 折射波法

一、双重时距曲线观测系统折射波数据采集的野外工作方法

1.根据干扰剖面设计目的层折射波的接收范围、近端点炮点位置、远端点炮点位置、道间距、炮点间距。

2.检波器要垂直插入土壤中，如检波点位上土质较松，则应踩实后再插入检波器，但不准用脚踩检波器；根据测线长度设计接收排列的移动方式。

3.使用大锤作为震源时，震源位置应选择在较坚硬的土层上，清除浮土后，水平放上垫板，垫板应与地面紧密耦合，敲击时大锤的落点应尽量落在垫板中间。

二、折射波数据的整理和资料解释

1.读出各炮点对应排列的直达波和折射波初至时间。

在波形记录图上读取直达波和折射波的初至时间，初至时间应读取波至的起跳点。

2.绘出测线上的相遇和追逐时距曲线。

将采集到的折射波数据在厘米纸上绘成相遇和追逐时距曲线；计算各段时距曲线斜率及视速度；确定各层的互换时间；利用截距时间法进行简单的资料解释，求出激发点下折射界面深度。

3.用折射波资料处理软件解释折射界面深度。

第三节 反射波法

反射波数据采集的野外工作方法如下：

1.一次覆盖共炮点反射波数据采集和数据处理

（1）根据干扰调查剖面确定最佳检波排列的位置。

（2）根据测线长度设计道间距、炮点间距。

设24道地震仪接收反射波，道间距为5 m，排列长度为115 m，勘探界面长度约为57 m。如需要连续探测反射界面，应采用单端激发简单连续观测系统，每次可移动12个检波器。

（3）对典型剖面进行速度分析，或每隔3~5个记录进行一次速度分析，获得各反射界面以上介质的均方根波速度。

（4）对各剖面进行动校正，制作垂直时间剖面。

（5）利用DIX公式求层速度，制作深度剖面。

2.地震映像法（最佳偏移距法）数据采集和数据处理

（1）根据干扰调查剖面，分析各种波的时间特征，确定最佳偏移距、采样间隔和采样长度。

①采样间隔：约1/10有效波的周期。

②采样长度：为了观测到面波的变化，一般取2048个样点。

（2）保持固定的偏移距离，沿测线同时移动激发点和检波点，获得地震映像时间记录。

（3）仪器操作人员要严密监视每一个记录道，如出现信号形状突变，立即通知激发点和接收点人员重做，并记录废道。

（4）对地震映像数据进行废道删除、振幅平衡和滤波处理。

（5）做地震映像时间剖面或彩色振幅剖面图。

3. 水平叠加技术

（1）根据干扰波调查剖面、地层地质条件和勘探目的确定道间距、叠加次数。在实际工作中一般采用单端放炮排列，炮点间距离按下式计算：

$$d = \frac{N \cdot \Delta x}{2n} \tag{6-1}$$

$$v = \frac{d}{\Delta x} \tag{6-2}$$

式中：d 为炮点间距；N 为地震仪的记录道数；Δx 为道间距；n 为叠加次数；v 为每次放炮后炮点移动的道数。

（2）水平叠加记录文件号按顺序增加或减少。

（3）使用已有的软件，根据叠加次数、抽道集，进行速度分析。

（4）制作垂直时间剖面。

第四节　面波法

一、瞬态面波法野外数据采集方法

1. 根据干扰波调查剖面和勘探深度设计偏移距和道间距，一般勘探深度在 10 m 左右时，偏移距为 1~3 m，道间距为 1 m；勘探深度在 20 m 左右时，偏移距为 3~5 m，道间距为 2 m。偏移距、道间距小，则接收到的高频成分多，利于浅部勘探；反之，则有利于深部探测。

瞬态面波法测量的记录点位于面波排列的中间，进行剖面连续测量时，应设计出各测点间移动检波器的数量。

2. 瞬态面波法测量可采用不同质量和不同材质的手锤或吊锤进行垂向激振，也可采用爆炸等其他震源，以满足不同探测深度和不同探测精度的要求。

3. 瞬态面波记录要求波形完整、有较好的相似性、信噪比高、无削波和溢出现象。

4. 一般使用低频检波器(4 Hz)接收信号，当要求在 1~3 m 深度内分层时，可选用 10~38 Hz 检波器。

瞬态面波法测量利用了面波的垂直分量，安置检波器时应注意与地面垂直并与地面紧密耦合。

二、瞬态面波法野外数据处理

使用瞬态面波资料处理软件计算频散曲线，主要步骤为：在时空域提取面波信息；对提取出来的面波信息进行频率波数域转换；得到频率波数域振幅谱等值线图；从中提取基阶模态面波频散数据；计算半波长绘制频散曲线；对频散曲线进行反演，制作速度剖面图。

第五节　地震映像

地震映像又称高密度地震勘探和地震多波勘探，是一种基于最佳偏移距技术的浅层地震勘探方法。这种方法可以利用多种波，如折射波、反射波、面波等作为有效波来进行探测，也可以根据探测目的仅把一种波作为有效波来进行探测。

在地震映像中，每一道记录都采用相同的偏移距，所以又称为共偏移距法，在探测目的较单一、只需研究横向地质变化，如探测溶洞、断裂带、基岩起伏面时，效果较好。

地震映像野外工作方法：

1. 测量方法：采用单点激发，单个检波器接收，激发点和检波器之间的距离不变，同时向前移动一定距离（点距）后激发，从而获得一条地震映象剖面。

2. 记录点位置：记录点位于激发点和接收点的中点，反映两点之间射线路径内的地质变化。

3. 最佳偏移距：通过试验确定一个最佳偏移距，使得反映探测目标体的有效波信号最佳。

第六节　微动勘探

一、一般规定

1. 根据测区场地情况、地球物理条件和任务要求，微动勘探法可选用 L 形、一字形、T 形或等边三角形等装置。

2. 微动勘探适用于探查覆盖层厚度、划分松散地层沉积层序及基岩风化带、划分速度层及评价建筑场地类型等。

二、微动勘探法的应用条件

微动勘探法的应用条件应满足以下要求：

1. 地形起伏不大，场地大小要满足，最大边长需要达到勘探深度要求的深度系数的倍数关系。

2. 场地软硬要求：目前不能在沙堆等淤泥类场地进行较好的勘探。

3. 场地有重型施工车辆（如大型挖掘机或推土机）工作干扰时，不能距离过近，须根据试验得出最远的干扰距离。

4. 地面应相对平坦，地层界面起伏不大，并避开沟、坎等复杂地形，以免受到影响。

三、微动勘探使用的仪器设备

微动勘探使用的仪器设备应满足以下要求：

1. 使用的仪器应经过国家有关部门鉴定，每台仪器都应达到出厂规定的技术指标。

2. 宜选用通道数至少为 10，且具有信号增强、滤波、数字采集等功能的微动勘探仪。

3. 采样率可选，最小采样间隔不大于 5 ms。

4. 记录长度不小于 1024 样点/道，且可选。

5. 自然频率不宜大于 2 Hz。

6. 电压输出灵敏度不应小于 2 V·cm/s。

四、微动勘探的震源

微动勘探的震源为天然源，但测点附近不应存在明显的震动干扰，干扰源的距离具体根据实验及现场数据判断。

五、微动勘探使用的检波器

微动勘探使用的检波器应满足下列要求：

1. 检波器的响应不应出现反相情况。

2. 根据测量任务的要求，选择正确频率的检波器(如检波器频率为 1 Hz 及 2 Hz)。如勘查任务注重深部，则采用频率为 1 Hz 的检波器；如注重浅部，则采用频率为 2 Hz 的检波器。

六、微动勘探的试验工作

微动勘探的试验工作应符合下列规定：

1. 应了解测区的地球物理条件、有效波和干扰波的分布情况，试验避开干扰波的措施，选择工作台阵、采集时间及其他工作参数等。

2. 如测区跨度较大，应了解测区不同区域的深度系数，再根据深度系数确定工区不同区域工作台阵的大小。

3. 观测中遇到局部地段或个别测点记录质量变差时应分析原因。如受到附近车辆的干扰，则应重新采集；如为其他原因，则应通过改变工作台阵或检查检波器等，改善记录的质量。

七、微动勘探的现场工作

1. 仪器设备的准备工作应符合下列规定：

(1)外出工作前，应对仪器设备进行检查，并提交记录。

(2)进行仪器一致性测试时，检波器安置条件应一致，一般将全部检波器集中安置在一起，可以认为各检波器是同点接收。

2. 仪器工作参数设置应符合下列规定：

(1)应根据测区干扰背景、地球物理条件及安全等因素进行选择。

(2)在一个测区或测段工作时，应使用同一工作参数，如测区较大或因特殊需要改变工作参数时，应有对比记录。

3. 检波器布置应符合下列规定：

(1)埋设位置应准确，埋设条件应尽量一致，并与地面接触牢固，防止背景干扰。

(2)当受地形、地面条件限制，检波器不能安置在原设计点位时，可移动，应该使用高精度定位系统测量其距离规定点的 x、y 坐标及高程，如条件不允许，可使用皮尺测量其距离规定点的 x、y 坐标，并记入班报表。

(3) 如地表泥沙较多并且较厚，为了使检波器与地面良好接触，必须埋置牢固。遇有较厚的松散泥沙，应当将地表淤泥铲除后埋置检波器；检波器埋置条件力求一致。

(4)进行数据采集时，采集道数不宜小于 10 道。

八、微动勘探的对比

微动勘探的对比应符下列规定：

1.频散曲线的"之"字形拐点位置一致，整体速度基本一致，且反演横波速度误差不大。

2.频散曲线疏密情况应基本一致。

九、微动勘探数据处理、资料解释

微动勘探数据处理、资料解释应符下列规定：

1.微动勘探数据处理流程应包括提取频散曲线、截取频率区间、滤波、反演等 4 个阶段，应逐步进行数据整理、提取、叠加和反演，并以图像显示最终处理结果。

2.微动勘探数据处理时，应先分析记录中的卓越周期的分布范围，选定频谱分析时窗进行分析，选用合理的时窗得出频散曲线。

3.频散曲线应以波长为纵轴、速度为横轴进行绘制，也可绘制波速-深度曲线。

4.微动推断应依据频散曲线的"拐点"特征解释地下介质分界面。

5.深度转换可选用半波长法，也可参照测区地质资料进行对比解释。

6.利用全速度换算横波速度时，应结合已知资料求得横波速度的对应关系后进行。

十、瑞雷波法成果图件

瑞雷波法成果图件应包括频散曲线、波速-深度曲线、推断解释剖面或平面图。

十一、微动勘探数据处理方法

1.空间自相关。

将原始数据导入，选择合格的分段样点数进行空间自相关处理。

2.设置频率区间。

进行空间自相关处理后，设置频率区间，即根据卓越周期的变化、好坏对频率区间进行人为的截取，该步骤属于人机共同处理。

3.频散聚合滤波。

通过滤波处理，剔除近源干扰，获得浅部信息。

第七章 放射性勘探

第一节 放射性勘探简介

放射性勘探又称放射性测量或"伽玛法"，是借助地壳内天然放射性元素衰变放出的 α、β、γ 射线穿过物质时，产生游离、荧光等特殊物理现象的原理，根据射线的物理性质，利用专门仪器（如辐射仪、射气仪等），通过测量放射性元素的射线强度或射气浓度来寻找放射性矿床以及解决有关地质问题的一种物探方法，也是寻找与放射性元素共生的稀有元素、稀土元素以及多金属元素矿床的辅助手段。

第二节 野外工作方法

放射性勘探的野外工作方法主要包括伽马总量测量、伽马能谱测量和氡气浓度测量。

伽马总量测量主要应用于地质勘探领域，通过测量地质材料中放射性核素发射的伽马射线总量，来探测和评估地质材料中的放射性水平。这种方法对于寻找和评估铀、钍等放射性元素非常有效，因为它能够直接测量这些元素衰变产生的伽马射线量。伽马总量测量在地质找矿、环境调查等领域有着广泛的应用，尤其在寻找隐伏铀矿体时，与传统方法相比，伽马总量测量能够提供更全面的放射性信息，有助于更准确地定位矿体位置。

地面伽马能谱测量，是用便携式伽马能谱仪按一定的比例尺在测点上直接测定岩石（土壤）和矿石中铀（镭）、钍、钾的含量的方法。这种方法除了可以直接寻找铀、钍矿床外，也可以寻找与放射性元素共生的金属或者非金属矿床。此外，由于它能提供岩石中的铀、钍、钾含量的资料，有助于研究某些地质问题，如岩浆岩与沉积岩的接触关系、岩浆岩的演化过程、铀矿化的特点及矿床成因等。伽马能谱测量一般用于大面积伽马能谱测量所发现的异常点（带），以便对异常进行进一步的解剖，随着轻便并带有自稳功能的新型伽马能谱仪的使用，伽马能谱仪测量越来越广泛地应用于伽马详查和异常评价工作中。

氡气浓度测量是通过测量氡及其子体放出的射线能量和强度来确定介质中氡气浓度的核地球物理测量方法。氡气测量在地质找矿、环境调查等领域也有着重要的应用，尤其在寻找隐伏铀矿体方面，氡气测量显示出了独特的优势。通过测量氡气的浓度，可以间接了解地下岩石和土壤中的放射性元素分布情况，进而推断出可能的矿体位置。氡气测量的优势在于其能够探测到传统方法难以发现的深部矿体，因此在地质勘探中扮演着越来越重要的角色。氡气浓度测量前后要注意更换和保存干燥剂。两种仪器在一个点测量完毕后，应及时记录。本书仅以氡气浓度测量所使用的测氡仪的操作为例进行介绍。

第三节　测氡仪的操作

(1)连接好仪器并检查正常(包括漏气检查)后进行野外测量工作。

(2)用钢钎打一个导向眼插入取样器,用脚踩实上部松土,防止大气进入。

(3)放片,如放样片盒,光面朝下,有字面朝上。

(4)抽气,将阀门置于"抽"位置,提拉抽气筒至 0.5 L 处,把橡皮管和取样器内的残留气体抽入筒内;将阀门置于"排"位置,压下抽气泵将气体排出;将阀门置于"抽"位置,提升抽气筒至 1.5 L 处,向右方旋转使之固定,关上阀门,使筒内空气与外界隔绝。

(5)启动高压收集:按下高压启动键,加压收集时间为 2 min。

(6)移点:启动高压后,即可拔出取样器,将仪器移动至下一个测点,等待高压 2 min 加电报警信号。

(7)取片:高压报警信号发出后,马上取片(注意不要用手摸朝下的收集面)。同时把它放入操作台右面的测量盒内(注意此时收集片的光面朝上)。取片、放片在 15 s 内完成。因为仪器在 15 s 后会自动启动 α 粒子测量计数电路,在 2 min 测量后会自动发出第二次报警信号。

(8)在等待测量报警信号期间,在新测点上排气、放片、抽气、启动高压。

(9)移点:在第二个测点上启动高压后,可以把仪器移动到第三个测点,并等待一号测点收集片的测量报警信号,读取计数并记录。把已经测过的收集片从测量盒中取出,放入专门的储片筒内,依次重复使用。在此测点等待二号测点的加电高压报警信号,然后重复(7)、(8)、(9)步骤。

第八章　重磁勘探

第一节　重力勘探

重力勘探是利用组成地壳的各种岩矿体的密度差异引起的重力变化进行地质勘探的一种方法。它以牛顿的万有引力定律为基础。只要勘探地质体有一定的剩余质量，埋藏深度较小，地形起伏影响较小，就可用精密重力仪器测出重力异常，然后结合工作区的地质资料，对重力异常进行定性或定量解释，推断覆盖层以下密度不同的矿体与岩层埋藏情况，从而找出岩矿体存在的位置和地质构造情况。

一、CG-5重力仪的操作方法

1. 仪器安置与开机

轻拿轻放，将仪器平稳地放到三脚架上，以不发出声响为标准；按开关键开机。

2. 初始化测量参数

按 SETUP 键，进入 SETUP 菜单，该菜单主要包括 Survey、Autograv、Options、Clock、Dump、Memory、Service 选项。

通过上、下、左、右键，选中相应选项，按 F5 进入某菜单进行相应的参数设定（参数设定好后，在野外观测中可跳过这一步骤）。

3. 测量

按 MEASURE/CLR 键，进入测量模式，输入相应的点线号，按 LEVEL 键进入仪器整平，仪器调平后，通过屏幕显示调整螺母，调整 X、Y 轴。当 X、Y 坐标都在 ±10 范围内时，屏幕会出现笑脸图标。至此，仪器做好采集数据的准备，按 F5 开始测量。

4. 测量数据选择

设定好观测时间（如 60 s）后，仪器将按设定时间间隔进行自动读数，早、晚基均需选取三次合格的观测数据，测点观测需选取两次合格的观测数据，合格的观测数据要求是前后两次读数误差不超过 5×10^{-8} m/s^2。

5. 结束测量

(1)按 F5 结束测量，进入结束菜单。

(2)按下箭头，可查看前一点的数据。

(3)按 F5 保存当前数据；按 F4 放弃当前数据。

(4)按开关键关闭仪器。

6. 测量中问题处理

（1）显示屏对比度调节：开机状态下按"6"号键，再通过按左、右键调节。

（2）死机或显示屏花屏：同时按下 ON/OFF 键和 F1 键，强制关机并重新进行热启动，不能进行冷启动，以免丢失测量数据。

（3）电池情况：当电池的剩余电量为电池容量的 10% 时，设备每间隔 15 s 会出现"哔"的提示，低电量的电池必须检查电池充电情况，有时需要使用座充设备才能充电。

二、野外工作方法

1. 重力工作

（1）测网选择与布设。

测网根据测区地形特点、地质条件和研究目的布置，平原丘陵区一般布置规则网或准规则网，山区可布设自由网。

布点时先在地形图上大致确定点位，选择最优施工路线，力求均匀，且尽量选在地形平坦、地物标志明显的地方，以便于进行野外实地定点。测点实地必须打有竹木桩（或地面涂有红油漆）并标明点号，以便于进行质量监控和质量检查。精测重力剖面主要参考已完成的重力调查圈定的与成矿密切相关的重力异常来初步布设，并结合地质、物探、化探、遥感等资料，最终确定剖面的具体位置，以满足对这些异常进行更深一步定量解释的要求。

（2）重力基点。

应在 2000 国家重力基准网控制下，在测区内建立重力测量的基点网，用于传递重力值，且方便检查和校正重力仪混合零点位移。

（3）仪器校验。

CG-5 型高精度自动重力仪读数分辨率为 $\pm 0.001 \times 10^{-5}$ m/s²，可直接给出重力差值。在观测时应进行温度补偿、漂移改正调整、倾斜传感器零点和灵敏度调整，并且要每月检查一次。温度补偿系数一般小于 0.2×10^{-8} m/(s²·℃)。采用漂移改正程序自动进行漂移调整。倾斜传感器零点和灵敏度调整以及仪器操作技术应按仪器出厂说明书的要求进行。仪器测量时要求读数时间不少于 60 s。

校验方法及要求参照相关重力勘探规范执行，校验内容包括：

①静态试验。选择安静的场所连续观测不少于 24 h，每 30 min 取一组读数，经固体潮改正后做出重力仪静态零漂曲线，分析仪器的静态工作状况。要求仪器静态零漂曲线呈近似线性变化，实时残余漂移改正率小于 0.02×10^{-5} m/(s²·24 h)。

②动态试验。动态试验时间不短于 10 h，读数间隔 20 min，试验两点间重力差不小于 3×10^{-5} m/s²；采用多点动态试验时，相邻点间重力差一般为 $0.5 \times 10^{-5} \sim 5 \times 10^{-5}$ m/s²。仪器的动态观测均方高误差不应大于设计的测点重力观测均方误差的二分之一，一般精度不低于 $\pm 0.030 \times 10^{-5}$ m/s²。

③一致性试验。所有参与施工的重力仪都要进行一致性试验，试验点数不少于 30 个（不含基点），要求试验点间重力值的变化大于 1×10^{-5} m/s²，各仪器间一致性均方误差不应超过设计的测点重力观测均方误差，一般不低于 $\pm 0.030 \times 10^{-5}$ m/s²。若动态混合掉格试验条件满

足上述要求，也可利用其试验结果来确定仪器的一致性精度。

④格值标定。用于建立重力基点网的重力仪应在国家级重力仪格值标定场进行格值标定，所用仪器格值标定的相对均方误差应小于 1/5000；用于重力测点观测的重力仪应在国家认可的标定场进行格值标定，所用重力仪格值标定的相对均方误差应小于 1/3000，且相邻两次格值标定的相对变化应不大于 1/1500。

目前广西重力测量重力基点网建立和重力测点观测是同时进行的，可选择省级大明山格值标定场和猫儿山格值标定场进行格值标定。两个省级格值标定场高度为 220～2060 m，可根据项目测区的高程标定对应高度的格值。广西省级格值标定场标定采用双程往返重复观测法取得独立增量，合格的独立增量在 6 个以上，各个独立增量与平均增量结果之差不超过 $\pm0.02\times10^{-5}$ m/s^2，不合格增量不得多于 1 个。采用国家长基线标定的双程往返重复观测法进行两次独立观测，其互差不得大于 0.04×10^{-5} m/s^2。

（4）测点观测。

重力测点观测采用单程观测法。每个闭合单元的观测都起止于 II 级重力基点。重力仪观测结果及工作方式要满足下列要求：

①早基要按基点—辅助基点—基点的次序进行观测，每一组合格的观测数据之差小于 5×10^{-8} m/s^2，前后两次基点读数不超过 10×10^{-8} m/s^2 且间隔不少于 5 min。

②早、晚基点各观测一个数据，每次测量时间不少于 60 s；测点上观测一个数据，每次测量时间不少于 40 s。每次测量延迟（稳定）时间设置为 5 s。

③闭合时间不超过一天，每个闭合段的混合零点位移值 $\leq0.120\times10^{-5}$ m/s^2。

（5）野外观测质量检查。

野外观测的质量检查应随着扫面工作的进展而有步骤地及时进行，检查点在日期、地域及图幅中要求均匀分布，检查点数量占比为 3% 且不少于 30 个点；检查方法为野外同精度重复观测法，检查按"一同三不同"（同点位、不同操作员、不同仪器、不同闭合单元）的原则进行。质量检查有专门的记录本。

（6）原始记录。

对原始记录总的要求：记录宜用中等硬度的 2H 铅笔书写，内容完整，记录真实，字迹清晰、工整，页面整洁和格式统一；杜绝涂改现象，因记错需修改时，需用横线把错误记录划掉，在其上方记录下正确数据并签名。

（7）异常检查。

异常检查工作重点针对具有一定幅值的单点异常及主要异常段，以佐证其异常的可信度及完整度。对隐伏半隐伏岩体以及新生代盆地产生的异常，应适当地加密测点，这样有利于圈定岩体及盆地的大致边界。异常加密一般要求控制每个异常的点不少于 3 个。

2. 地形改正工作

（1）地形改正（0～166.7 km）。

将地形改正区域划分成近区（0～20 m）、中区（20～2000 m）、远 I 区（2000 m～20 km）和远 II 区（20～166.7 km）。

1）近区地形改正：

①尽可能选择地势平坦的地方进行重力观测。当地形坡度角（俯仰角）≤±5°时，可视为平坦地形而无须进行近区地形改正。

②在没有平坦地形的情况下，尽量选择简单的地形进行观测。如单一斜坡地形只需测定斜坡倾角，利用斜面公式：

$$\Delta g_{斜} = \pi R f \rho (1 - \cos i)$$

便可计算出近区地形改正值。利用手持式激光测距仪即可较准确地测定斜坡倾角，同时只测定一个单一的倾角参数，即可达到提高近区地形改正精度的目的。

上式中：R 为测点与地形体之间的距离（取 20 m）；f 为万有引力常数 [6.67×10^{-11} m³/(kg·s²)]；ρ 为地形校正密度（取 2.67×10^3 kg/m³）；i 为地形倾角。

③对相对复杂的地形采用八方位测量，执行《重力调查技术规范（1：50000）》中近区地形改正的测定方法。具体方法是使用徕卡激光一体化测距仪，根据测点的具体地形确定八个方位，并测定八个方位的俯仰角度，再利用锥形公式计算地形改正值，最后对方位改正值求和，获得测点的近区地形改正值。

④近区地形改正检查要选地形改正值较大的点，采用重复观测法进行，工作量不少于整个工区工作量的 3%。近区地形改正设计均方误差为 ±（$0.020 \times 10^{-5} \sim 0.030 \times 10^{-5}$）m/s²。

2）中区地形改正：利用国家测绘局 1：5 万 DEM（25 m×25 m）高程数据，利用电算加密求取地形改正值。利用圆环数图法检查其精度，中区设计均方误差为 ±0.075×10^{-5} m/s²。

3）远区地形改正：采用中国地调局发展研究中心提供的 RGIS2006 软件自带的高程数据库及其远区地形改正功能直接计算，设计均方误差为 ±0.080×10^{-5} m/s²。

地形改正总精度近区、中区和远区三项均方误差一般不超过 ±0.115×10^{-5} m/s²，具体按照设计执行。

（2）水域地形改正。

1）近区地形改正中的水域地形改正只需单独计算水体地形改正值并加以校正即可。

2）中远区地形改正遇有较大水域时要单独计算水域影响值，并加以校正。首先要到地方海洋主管部门取得水域水深资料，然后计算无水体影响时的地形改正值，同时单独计算测点水体地形改正影响值，并加以校正。

3. 测地工作

测地工作采用全球卫星定位系统（GPS）进行重力测（基）点三维定位。测量模式采用实时动态定位（RTK）。投入生产前，GPS 接收机须送国家指定的测绘仪器计量检定站进行正规严格的检定，经认证合格的仪器方能投入生产。

（1）加密控制点的测定。在每个 1：5 万图幅内，选择适合 GPS 观测的地方加密控制点作为基准站。加密控制点由多个广西 C 级 GPS 网点（广西测绘局提供，有两套系统空间坐标值，一套是 CGCS2000 国家坐标系和 1985 国家高程基准，另外一套是 WGS84 空间坐标系）引出，采用三台 GPS 接收机同步进行静态观测，组成三角形控制网。仪器的观测参数设置：采样间隔为 10 s，连续观测时间 ≥60 min。

基准站的选点、建标、埋石及控制点记录等严格执行《物化探工程测量规范》（DZ/T

0153—2014)的规定,保证基准站的控制半径在 15 km 以内。实际工作一般控制半径在 5 km 以内,特殊地区可适当放宽。

(2)重力测点的测定。测点 GPS 三维定位依照星形网布设方案进行,采用 GPS 导航法和 1∶5 万地形图定点法按设计点位进行放样。采用双频 RTK 工作方式,直接记录测点三维坐标,边长控制在 15 km 之内,一般控制半径在 5 km 以内。

(3)高程拟合。高程转换采用 CQG2000 进行高程异常改正,利用精细大地水准面高程模型——中国新一代似大地水准面模型(CQG2000)对各控制点和测点的高程进行高程异常改正,求取控制点和测点水准高程值:

$$海拔高 = 大地高 - 高程异常$$

(4)质量检查。重力测点的三维坐标检查,采用"一同三不同"的同精度重复检核测定的方法进行,即采用同等精度仪器及相同观测方法进行检核,GPS 的各种设置与原始观测一致,质检率为 3%,且不少于 30 个点,一般与重力观测质检同时进行,测区均匀分布,且具有不同地形条件的代表性。测点平面位置均方误差小于 ±5 m,高程均方误差小于 ±0.4 m,具体按照设计执行。

4. 物性工作

为了进一步了解岩石随深度的变化特征,有必要在全面收集整理前人资料的基础上,针对测区内岩浆岩出露区、有意义的重力异常区以及蚀变岩带,对测区内钻孔或坑道的物性资料进行收集,采集现有的钻孔岩芯、坑道岩石样品进行测定、统计和整理,总结岩石密度随埋深的变化规律。

岩石物性采样及测定工作的具体要求如下:

(1)标本必须新鲜,岩石、坑道标本体积为 4 cm×4 cm×4 cm 以上,钻孔岩芯体积为 π×2.52×5(cm³)以上,标本应在采集现场进行编号,并记录采样点的位置(坐标、深度)和相关地质情况。

(2)标本主要采用天平法测定,中新生代盆地疏松层用大样法测定,测定精度为 ±0.02 g/cm³。

(3)密度测定检查工作以重复测定方法进行,检查工作量占比不少于 10%。

三、数据处理

区域重力调查是一项基础性、区域性工作,成果资料整理工作必须按《重力调查技术规范(1∶50000)》(DZ/T 0004—2015)要求的新"五统一"技术要求进行。具体来说,包括以下内容:统一采用 2000 国家重力控制基准;统一采用 1985 年国家高程基准、CGCS2000 国家坐标系统或 1954 年北京坐标系统;统一采用国际大地测量协会推荐的 1980 年公式计算正常重力值;统一采用规范规定公式进行布格改正和中间层改正,密度值统一采用 2.67 g/cm³;统一采用 166.7 km 的半径进行地形改正。

1. 测点重力值及精度的计算

(1)测点重力值计算。

计算测点重力值时进行固体潮改正和零点位移改正。每个固体潮计算点均以野外组所在驻地的经纬度为依据,其控制范围为在该野外组所完成的区域。根据《重力调查技术规范(1∶50000)》附录 B 上的公式自编程序,计算得到施工期间每天每个小时的固体潮值,重力测点则以观测时刻为计算参数,通过线性内插得到该测点观测时刻的固体潮值,或者由 CG-5 重力仪自动处理得出。

实测重力值的基本计算公式如下:

$$\Delta g_{观} = G_1 + K(S_i - S_1) + R_i - R_1 - [K(S_2 - S_1) - (G_2 - G_1) + (R_2 - R_1)] \times (T_i - T_1)/(T_2 - T_1)$$

式中:K 为重力仪格值;G_1、G_2 分别为早、晚基点的重力值(早、晚基点相同时,$G_1 = G_2$);S_1、T_1、R_1 分别为早基上的重力仪读格数、观测时间、固体潮改正值;S_2、T_2、R_2 分别为晚基上的重力仪读格数、观测时间、固体潮改正值;S_i、T_i、R_i 分别为第 i 个测点上的重力仪读格数、观测时间、固体潮改正值。

(2)测点重力观测均方误差计算。

当检查观测只有一次时,均方误差计算公式如下:

$$\varepsilon_g = \pm \sqrt{\frac{\sum_{i=1}^{n} \delta_i^2}{2n}} \qquad (8-1)$$

当检查观测多于一次时,均方误差计算公式如下:

$$\varepsilon_g = \pm \sqrt{\frac{\sum_{i=1}^{m} \delta_i^2}{m-n}} \qquad (8-2)$$

式中:δ_i 为第 i 点原始观测值与检查观测值之差;m 为总观测次数(即所有检查点上全部观测次数之和);n 为检查点数。

(3)测点重力值均方误差计算。

$$\varepsilon_{gc} = \pm \sqrt{\varepsilon_{\mathrm{I}}^2 + \varepsilon_{\mathrm{II}}^2 + \varepsilon_g^2} \qquad (8-3)$$

式中:ε_{I}、$\varepsilon_{\mathrm{II}}$ 分别为一级、二级基点网重力值的均方误差;ε_g 为测点重力观测均方误差。

2. 重力各项改正值的计算

(1)地形改正。

将地形改正区域划分成近区(0~20 m)、中区(20~2000 m)、远区Ⅰ区(2000 m~20 km)和远Ⅱ区(20~166.7 km)。

1)近区地形改正:尽可能选择地势平坦的地方进行重力观测。对需要进行近区地形改正的测点采用台阶测量或八方位测量,近区地形改正设计均方误差为 ±(0.020×10⁻⁵ ~ 0.030× 10⁻⁵) m/s²。近区地形改正检查要选地形改正值较大的点,采用重复观测法进行,工作量占比不少于3%且不少于30个点。对相对复杂的地形采用八方位测量,执行《重力调查技术规范(1∶50000)》中近区地形改正的测定方法。具体方法是使用 leica DISTOTMD5(徕卡激光一体化测距仪),根据测点的具体地形确定八个方位,测定八个方位的俯仰角度,利用锥形公式计算地形改正值。最后求和获得测点的近区地形改正值。如最大俯仰角小于5°,可不进行地形改正。如果是台阶地形,须测量点到台阶的距离及台阶的高度。

2)中区地形改正:利用国家测绘局1∶1万 DEM(5 m×5 m)高程数据,电算加密求取地形改正值。利用圆环数图法检查其精度，中区设计均方误差为±0.075×10^{-5} m/s^2。

3）远区地形改正：采用中国地质调查局发展研究中心提供的 RGIS2006 软件自带的高程数据库及其远区地形改正功能直接计算，远区设计均方误差为±0.080×10^{-5} m/s^2。

4）水域地形改正：

①近区地形改正中的水域地形改正只需单独计算水体地形改正值并加以校正；

②中区、远区地形改正遇有较大水域时要单独计算水域影响值，并加以校正。首先要到地方海洋主管部门取得水域水深资料，然后计算无水体影响时的地形改正值，同时单独计算测点水体地形改正影响值，并加以校正。

5）地形改正总精度计算公式：

$$g^{T} = \pm\sqrt{\varepsilon_{gT1}^2 + \varepsilon_{gT2}^2 + \varepsilon_{gT3}^2} \tag{8-4}$$

式中：ε_{gT1} 为近区地形改正误差；ε_{gT2} 为中区地形改正误差；ε_{gT3} 为远区地形改正误差。

（2）正常重力值改正及误差计算公式：

$$g_0 = 978032.7(1+0.0053024\sin^2\varphi - 0.0000058\sin^2 2\varphi)\ (10^{-5}\ \text{m/s}^2) \tag{8-5}$$

$$\varepsilon_{g\varphi} = \pm 0.000814\sin 2\overline{\varphi} \times \varepsilon_d\ (10^{-5}\ \text{m/s}^2) \tag{8-6}$$

式中：φ 为计算点的地理纬度；d 为点位均方误差；$\overline{\varphi}$ 为测区平均地理纬度。

（3）布格改正及其误差计算公式：

$$\delta_{gB} = \left[0.3086(1+0.0007\cos 2\varphi) - 0.72\times10^{-7}h\right]h - 0.0419\cdot\rho\left(1+\left|\frac{a}{h}\right| - \sqrt{1+\frac{a^2}{h^2}}\right)h\ (10^{-5}\ \text{m/s}^2) \tag{8-7}$$

$$\varepsilon_{gB} = \pm\left[0.3086(1+0.0007\cos 2\varphi) - 1.44\times10^{-7}h - 0.0419\cdot\rho\left(1-\frac{h}{\sqrt{h^2+a^2}}\right)\right]\varepsilon_h\ (10^{-5}\ \text{m/s}^2) \tag{8-8}$$

（4）高度改正及其误差计算公式：

$$\delta_{gh} = \left[0.3086(1+0.0007\cos 2\varphi) - 0.72\times10^{-7}h\right]h\ (10^{-5}\ \text{m/s}^2) \tag{8-9}$$

$$\varepsilon_{gh} = \pm\left[0.3086(1+0.0007\cos 2\varphi) - 1.44\times10^{-7}h\right]\varepsilon_h\ (10^{-5}\ \text{m/s}^2) \tag{8-10}$$

（5）布格重力异常值及其误差计算公式：

$$\Delta gB = g - g_0 + \delta gB + \Delta gT \tag{8-11}$$

$$\varepsilon_{\Delta gB} = \pm\sqrt{\varepsilon_{gc}^2 + \varepsilon_{gB}^2 + \varepsilon_{gT}^2 + \varepsilon_{g\varphi}^2} \tag{8-12}$$

（6）自由空间重力异常值及其误差计算公式：

$$\Delta gF = g - g_0 + \delta gh \tag{8-13}$$

$$\varepsilon_{\Delta gF} = \pm\sqrt{\varepsilon_{gc}^2 + \varepsilon_{gh}^2 + \varepsilon_{g\varphi}^2} \tag{8-14}$$

式（8-7）～式（8-14）中：ρ 为中间层密度，取 2.67 g/cm^3；a 为圆域中间层地形改正半径，取20000 m。

3. 测地资料计算

（1）数据处理。

1）每个工作日的 RTK 原始数据储存在测绘手簿的数据内存中，收工后将测绘手簿的数据下载至笔记本电脑中。

2）利用分布相对均匀的五个控制点进行七参数设定。

3）将 RTK 原始观测数据作为原始资料刻成光盘归档。

（2）同精度检查相对中误差计算公式：

$$m_x = \sqrt{\dfrac{\sum\limits_{i=1}^{n}(\Delta x_i)^2}{2n}}$$

$$m_y = \sqrt{\dfrac{\sum\limits_{i=1}^{n}(\Delta y_i)^2}{2n}}$$

$$m_z = \sqrt{\dfrac{\sum\limits_{i=1}^{n}(\Delta z_i)^2}{2n}} \tag{8-15}$$

$$m_p = \sqrt{m_x^2 + m_y^2}$$

式中：Δx，Δy，Δz 为检查点三维坐标的较差；m_x 为测点定位坐标 x 的相对中误差；m_y 为测点定位坐标 y 的相对中误差；m_z 为测点定位坐标 z 的相对高程中误差；m_p 为测点定位相对平面位置的中误差；n 为检查测点总数。

四、原始资料的验收

1. 作业组检查验收：应每日或每一闭合单元进行一次验收，并填写日验收记录。

2. 项目组检查验收：应分阶段进行审核验收，及时掌握野外资料的质量，其中数据录入、整理、计算等的检查比例为 100%，合格率应达 100%。

3. 项目承担单位检查验收：对项目实施过程中和结束后的情况进行野外实地检查验收，所有资料的整理和计算应按 10%~20% 的比例进行抽查，合格率应达到 100%。

4. 检查验收内容：

（1）测网及测点布设；

（2）仪器检验；

（3）测地工作；

（4）重力工作；

（5）物性工作；

（6）各类质量检查；

（7）各类原始记录；

（8）资料整理。

五、图件的编制

编制两种重力基础图件，即布格重力异常点位数据图、布格重力异常平面图。

按《重力调查技术规范（1∶50000）》和中国地质调查局工程技术部下达的《计算机绘制

1：20 万重力平面图技术标准》要求，采用武汉中地信息工程公司提供的 MAPGIS 软件绘制重力基础图件。对图件编制情况做如下几点说明：

1. 图框采用高斯-克吕格投影，用 6 度分带或 3 度分带。

2. 采用国家测绘地理信息局发布的经简化后的数字化地形图作为地理底图，并建立相应的地理底图数据库。

3. 绘制的重力异常平面图套叠在简化地理底图上。

4. 由于重力异常平面图的等值线为计算机勾绘，等值线出现棱角时需人工做圆滑处理。

5. 对周边图幅已完成的应考虑接边问题，做到与相邻图幅等值线的自然圆滑相接。一般以出版图为标准来修改新编图的等值线。

6. 重力异常曲线线粗为 0.2 mm，计曲线为 0.4 mm，在封闭等值线圈内加"+"（重力高）及"–"（重力低）符号，图上小于 0.4 cm² 的极值封闭等值线不表示。

7. 加注技术说明、图例、比例尺、投影类别等必要的图外要素。

第二节　磁法勘探

磁法勘探（简称磁法）是通过观测和分析岩层的磁性及磁场特征，来研究地质构造及其分布形态和进行找矿的方法。在所有勘探方法中，它是发展最早、应用广泛的一种方法。磁法不仅可用于固体矿产的普查，也常用于石油天然气的普查和不同比例尺的地质填图及构造研究。

一、仪器设备

(一) 实习使用高精度质子磁力仪

正式工作之前，应对所有用于工作的仪器的性能进行现场检验，以了解其工作性能，观测点不少于 20 个，其中少数点要在较强的异常场上。各仪器的观测结果之间无明显系统误差，全部仪器的观测均方误差不大于正式工作时设计均方误差的二分之一。

(二) 对于仪器的性能要进行检查标定

仪器的调试：在工作开始和结束，以及工作期间每隔一定时间，都应对仪器的性能进行测试，以保证它们满足设计和规范要求。

1. 探头高度试验

(1) 按测区范围大小，在工区内选择一条（或若干条）长约 100 m，对浅层干扰有代表性的典型剖面，点距 3~5 m，用 1 m、1.5 m、2 m、2.5 m 四个不同探头高度各进行一次往返观测。

(2) 分别计算四个不同探头高度的均方根误差，以探头高度为横坐标，以均方根误差为纵坐标，绘出误差随高度变化曲线。通常随高度增大，观测误差趋于减小并接近一恒定值，据此可选出接近恒定值的最佳探头高度。

（3）探头高度一经确定，就必须在全区内保持不变，其误差不得超过探头高度的 1/10。

2. 噪声水平的测定

（1）当有三台以上的磁力仪同时工作时，可选一磁场平稳且不受人文干扰场影响的地方，将各仪器的探头置于此区，探头间距离应在 20 m 以上。各仪器作秒级同步的日变观测，取 100 个左右的观测值按下式计算每台仪器的噪声均方根误差值：

$$S = \sqrt{\frac{\sum_{i=1}^{w} (\Delta x_i - \Delta \overline{x_i})^2}{w - 1}} \tag{8-16}$$

式中：S 为噪声均方根误差值，nT；Δx_i 为第 i 时刻观测值 x_i 与起始观测值 x_0 的差，nT；$\Delta \overline{x_i}$ 为所有仪器同一时间观测差值的平均值，nT；w 为观测值总个数。

（2）当仪器不足三台时，用单台仪器在上述磁场平稳地区作日变连续观测百余次。读数间隔 5~10 s，按 7 点求滑动平均值：

$$\overline{x_i} = \frac{1}{7}(x_{i-3} + x_{i-2} + x_{i-1} + x_i + x_{i+1} + x_{i+2} + x_{i+3}) \tag{8-17}$$

按下式计算仪器的噪声均方根误差值：

$$S = \sqrt{\frac{\sum_{i=1}^{w} (x_i - \overline{x_i})^2}{w - 1}} \tag{8-18}$$

式中：x_i 为 i 时刻的观测值，nT；$\overline{x_i}$ 为 i 时刻的滑动平均值，nT；

3. 观测误差的测定

选择浅层干扰小且无人文干扰场影响的地方，并要求观测路线穿过有 10 nT 以上弱磁异常变化的地区。沿线观测点不少于 50 个，参与生产的各台磁力仪都在这些点上作往返观测，各观测值经日变改正后，按下式计算每台仪器的观测均方根误差：

$$\varepsilon_{观} = \sqrt{\frac{\sum_{p=1}^{N} \delta_p^2}{2N}} \tag{8-19}$$

式中：$\varepsilon_{观}$ 为仪器观测均方根误差，nT；δ_p 为某仪器第 p 点前后观测值之差，nT；N 为测点数。各仪器的系统误差应小于 1 nT，否则应予以校正或送厂重新校准。

二、野外工作方法

为了提高观测精度，应控制观测过程中仪器零点位移及其他因素对仪器的影响，并将观测结果换算到同一水平，在磁测工作中要建立基点、日变观测站等。

（一）基点选择遵循原则

1. 基点应位于正常磁场内。

2. 磁场的水平梯度和垂直梯度较小，在半径 2 m 及高差 0.5 m 范围内，磁场变化不超过设计总均方根误差数值的 1/5。

3. 附近没有磁性干扰物，并远离建筑物和工业设施（如铁路、厂房等）。

4. 所在地点能长期不被占用，有利于标志的长期保存。

5. 为了工作方便，基点一般建立在非磁性的沉积岩区或非磁性沉积岩较厚的地区，在野外工作之前选定。

（二）基点与测点观测

1. 每个闭合观测单元的观测，必须始于基点并终于基点。

2. 遇到长剖面时，如果一天不能结束工作并回到基点进行观测，须在当日观测的剖面末端设 2~3 个连接点。次日从对各连接点进行重复观测开始，并于剖面观测结束后返回基点观测。

3. 观测时，工作人员必须携带的磁性物件和其他有磁性的设备须离开测点一定距离，这个距离可通过检测确定，以不影响观测结果为原则。

4. 观测时，如遇有事故（如仪器受震），仪器性能可能发生突然变化，应回到震前测过的几个点（点位要准确）上进行重复观测，必要时应回到基点进行重复观测，以检查仪器性能，确认仪器性能正常时，方可继续观测。

5. 测点观测还应做到：

（1）当相邻两测点间相差较大，或有值得注意的地质现象时，须增加测点。

（2）当相邻测线的异常特征不一致时，须增加测线。

（3）当测区边缘发现可能有意义的异常或值得注意的地质现象时，须对其进行追踪。

（4）注意异常研究，观察异常特征（范围、强度、梯度等）与出露的地质现象（如岩性变化）并记于备注栏内，必要时，再测岩石磁性或采集标本。

（5）遇有磁性干扰物（如铁路、厂房、井场具有磁性的岩块或岩石堆等）时，须合理移动点位，避开干扰（应备注）。

（6）操作及记录时，操作人员身上不应有任何磁性物体。避免外界各种人为因素的磁性干扰，仪器用完后立即关闭，搬运仪器过程中要避免剧烈震动。

（三）日变观测

在进行高精度磁测时，设立日变观测站，以消除地磁场周日变化和短周期扰动等的影响，这是提高磁测质量的一项重要措施。对日变观测的具体要求如下：①所在环境有利于提高观测精度，无磁性干扰。②所有仪器灵敏度高、性能稳定、温度系数和零点位移小。③认真观测，尽量提高观测精度。④应做少量的昼夜连续观测，以了解仪器性能和日变特征。⑤将观测结果绘制成图，以便进行日变改正时使用。

（四）质量检查与评价

质量检查的目的是了解野外所获得的异常数据的质量是否达到了设计要求，这是野外工作阶段贯彻始终的重要环节。质量检查与评价的具体要求如下：

1. 检查工作要尽可能按同点位、不同日期、不同仪器、不同人员进行，以容易产生质量问题的薄弱环节和质量可疑地段为重点，检查点分布宜大致均匀。

2. 要同时采取三种方法进行：

(1) 在平稳磁场上大致均匀地抽若干点进行检查，计算均方根误差。

(2) 在异常磁场上抽取若干剖面进行系统检查，计算平均相对误差，绘制质量对比曲线图。

(3) 检查磁场剖面图上在原始观测时注明原因或未作过重复观测的所有畸变点，了解是否有观测错误存在，不计算误差，不计入检查工作量。

以第一种检查方法为主，第二种方法在工作时需依工作性质和异常多少而定，异常较少时需不少于原检查工作量的 5%，异常较多时宜为总检查工作量的 30%~50%。稳场检查点数要大于总测点数的 3%，绝对数不少于 30 个点。异常场检查点数为总检查点数的 5%~10%。

三、成果图和地质资料解释

1. 观测结果的整理计算。要求计算磁异常，计算公式为：

$$\Delta T_a = T_{观} - T_{基} + \delta T_{日} \tag{8-20}$$

式中：$T_{观}$ 为磁场观测值；$T_{基}$ 为基点磁场观测值；$\delta T_{日}$ 为日变校正值。

2. 图件的整理、绘制。要求分别用 Surfer 和 Graphic 软件绘制磁异常平面等值图和平面剖面图。

第九章 物探资料图件

图件是物探工作成果和资料解释以及应用的主要形式，它集中、全面、形象、系统地反映了物探工作成果，是物探工作设计和报告的重要组成部分。

通常，图件的编绘是在野外原始数据、草图资料全面检查验收合格后进行的。编绘图件时应提出编绘计划，并对各类图件的图面和内容进行设计。

第一节 物探图件编绘的一般原则

图件的基本要求是正确完整、清楚醒目、整齐美观、使用方便。

一、物探图件的种类

物探图件按其作用可以分为两类，即附图和插图。

附图是指依附于成果报告或设计书等文字资料的图件。附图一般成套出现，相互连贯，排列顺序与文字叙述一致。除物探图件以外，物探报告或设计附图还包括地形图、地质图等非物探成果图件。

插图是指插入成果报告或设计等文字中的图件。插图图面较小，一般不大于文字版面，是文字资料的补充和说明。

二、图件绘制的一般要求

(一)绘图精度

物探附图必须保证能真实、正确地体现物探资料内容，并符合物探和测地精度。绘图本身的精度应满足下列要求：

1. 直角坐标分米网：边长误差≤0.3 mm；对角线误差≤0.5 mm。
2. 测量控制点、物探基点、测点：相对于直角坐标网≤0.5 mm。
此外，附图数据必须经过100%的检查复核，以确保图件质量。

(二)图幅规定

为了便于图件的拼接和进一步工作，物探图件应尽量采用国际分幅。

(三)图的方位

1. 物探图件的图廓线或坐标轴的方位以360°制的真方位表示，以北为0°，按顺时针方向增加。没有真北方位时，也可采用磁方位。

2. 地质、物探综合剖面图中，剖面的大号点绘在右边，小号点绘在左边。

(四) 图例符号规定

物探图件中各种图例符号应采用统一规定，没有规定符号的可采用习惯符号，不得随便给出新图例符号。各种符号应能反映所要表示的对象特征，一套图件的所有图例符号必须一致，不得重复、混淆。

符号尺寸大小、线条粗细，应主次分明、内容突出、大方美观、辨认清楚。

第二节 物探图件的分类及基本要求

物探设计和报告附图按基本内容和作用可分为位置图类、参数图类和推断图类。各类图件的编制均有一定的要求，下面简述各类图件的基本要求。

一、交通位置图

交通位置图是专门展示测区的地理位置以及测区与外界交通联系情况的图件。它一般采用较小的比例尺绘制。图的范围必须至少包括一个县级的居民地。图中应绘出铁路、公路等交通干线，重要的居民地、水系、境界等地理要素，以及测区轮廓和地理坐标等。

测区轮廓按比例绘在图上。当测区轮廓最长边在图上小于 2 mm 时，用直径 2 mm 的圆形黑点表示。

交通位置图通常作为报告的插图或其他图件的角图，即某图件边角处的独立小图。

二、工作布置图

工作布置图是专门展示物探工作计划、设计内容的图件。其内容包括设计的测区范围，剖面线位置，各测区采用的方法和比例尺，设计的基线、测线的位置与编号，全部控制点，主要方位物及重要的地理要素，必要的地质内容和经简化的物探成果。工作布置图应尽可能按上北下南左西右东的方位绘制，否则应标出正北方位。工作布置图是物探工作设计报告的主要附图。

三、参数剖面平面图

参数剖面平面图是专门展示测区内所有剖面线的平面分布及用量值曲线表示物探参数沿各剖面变化特征的图件。参数剖面平面图是由两种不同的坐标系统构成的图件，其中一种是空间平面坐标系统，用以表示剖面线的平面分布；另一种是以剖面线为轴线的参数坐标系统，用以表示物探参数沿各剖面的变化特征。

参数剖面平面图包括的内容：物探测网的全部基线、测线（每 5 或 10 条测线的端点、与基线的交点，以及线上每 10 或 20 个测点处要标注点线号），物探参数的量值曲线及异常编号，本方法的特殊工作坐标及测网固定标志，已完成或正在施工的异常查证工程，重要控制点、方位物及其他重要地理要素，简要的地质内容以及解释推断结果。

参数剖面平面图的平面位置坐标比例尺可根据需要和参数在本平面上变化的平稳程度适当放大或缩小，但纵向和横向比例尺应一致，且图上基本点距应为 10～20 mm。

参数剖面平面图的参数坐标可采用算术坐标或对数坐标，同一张图一般只采用一种参数坐标及比例尺。当参数观测精度用绝对误差表示时，一般采用算术坐标，1 mm 代表的量值通常要大于观测的绝对误差；当参数观测精度用相对误差表示时，一般采用对数坐标。

两相邻点之间的参数值一般用直线连接，当相邻点距不超过 3 mm 且变化平缓时，可绘成圆滑曲线；当个别点参数值过大时，可将曲线尖端截去，改用锯齿线连接，但需在截去处标注参数值。

参数剖面平面图如未按上北下南左西右东的方位绘制，则应标出正北方位。

四、参数平面图

参数平面图是用等值线或量值图形符号、矢量符号等表示物探参数在平面上变化特征的图件。当在同一张平面图上表示两种或两种以上物探参数及相应的地质内容时，该图就成了综合平面图。

参数平面图的内容包括：各测点上物探参数的值或表示量值的图形符号；参数的等值线及注记；其余内容与平面剖面图相同。

参数平面图等值线距的选择：对于用绝对误差衡量观测精度的物探方法，采用等差间隔，相邻等值线间距宜不少于总均方根误差的 2.5 倍，并适当凑整；对于用相对误差衡量观测精度的物探方法，宜用大致等比间隔；相邻等值线间距宜不小于数值较小的等值线乘以相对误差所得值的 2.5 倍，并适当凑整。

勾画等值线应根据邻近测点的参数值，按距离内插确定其位置，但可在定点位置和观测误差限度内适当移动，使等值线圆滑并与相邻等值线位置协调。

参数平面图如未按上北下南左西右东的方位绘制，则应标出正北方位。

五、综合剖面图

综合剖面图是在面积性物探工作完成之后，为进行反演解释所做的多种参数剖面及其地质推断图件。它包括各种物探方法（参数）剖面图，其中横坐标轴应标出每个测点的位置，每隔 5～10 个点标出点号，纵坐标轴应标出参数名称代号及单位；剖面右方应注明剖面方位，剖面应附相应的地形和地质剖面，包括推断地质体的产状、位置及验证钻孔位置；剖面的左下方应注明定量解释的方法。

六、电（磁）测深曲线图

电（磁）测深曲线是电（磁）测深工作的基本图件，其绘制在 62.5 mm 模数的双对数坐标纸上。纵坐标为视电阻率，横坐标为 $AB/2$（直流电测深）、$\sqrt{1/f}$（频率电磁测深）、$\sqrt{t}$ 或 t（瞬变电磁测深）。绘制曲线时按实测数据点图，相邻数据点用直线段（即直线段两端留空）连接。曲线首端和尾端应分别注明视电阻率值。对于直流电测深曲线上 $AB/2$ 相同而 MN 不同的 ρ_s 值，应分别连接，画完后存在脱节现象。

在曲线上方要标明测区、测深点点号。直流电测深曲线要标明布极方向、$(AB/2)_{min}$ 和 $(AB/2)_{max}$；频率电磁测深曲线要标明收发距、f_{min} 和 f_{max}；瞬变电磁测深曲线要标明回线边长、t_{min} 和 t_{max}。

七、推断成果图

推断成果图是展示物探推断解释结果和结论的图件，分为推断平面图、推断剖面图和推断立体图。其中主要绘制的是前两种图件，而且往往在参数平面图和参数剖面图的基础上加绘地质内容和物探推断解释的结果。

推断解释的结果包括地质界线、构造及其他地质体的走向、形态、产状等。

八、其他图件

除上述 7 种图件外，根据需要，还可绘制实际材料图、工作程度图，但这两种图不经常绘制。

第三节　图的整饰

一张正式的地质或物探图件应有图框、图名、图幅号、接图表、比例尺、图例、技术说明、责任表和密级。上述诸要素不属于图件基本内容，故称为图外要素。物探图件多采用自由分幅，图外要素在图中的位置如下：

①图名写在图最上方中间。
②接图表在图左上方。
③比例尺在图名与上边图框之间的正中位置。
④地质柱状图在图的左方。
⑤图例和技术说明在图的左下方或右方，左方没有地质柱状图时，也可放在图的左方。
⑥责任表在图的右下方。
⑦密级在图的右上方。
下面对图外要素进行说明。

一、图框

图框起着压边和衬托图面内容的作用。除剖面图和纯参数图视需要而定外，其他各类物探图件都必须绘制图框。图框宽度应与图面大小相适应，内外图框构成及线条粗细应适当。

二、图名

图名应由工作地区名称、测区名称或编号、物探方法及参数名称、图的类别四部分按顺序排列组成。除测区编号和物探参数代号外，其余均采用汉字表示。

三、比例尺

自由分幅图件可只写数字比例尺（即空间坐标比例尺）。

四、图例

凡是图中所绘的各种图形符号、文字符号，均必须列入图例，并明确说明其含义。
图例由左向右或从上向下排列，其顺序依次为：地质符号、物探符号、物探干扰物等特殊地理符号。

地质符号的排列顺序为：地层(由新到老)、火成岩(由新到老,由酸性到超基性)、岩相、构造、矿产、探矿工程、其他。

物探符号的排列顺序为：工作坐标、实测资料、推断结果。剖面平面图中还应该有各种物探参数量值曲线的图例,并在其后注记参数比例尺(例如,1 cm＝100 Ω·m)。对于参数剖面图,已有方法参数坐标轴的,可不再设参数图例。

五、技术说明

技术说明反映了使用图件时必须了解的某些数据和方法技术情况。具体包括:

1. 坐标系统说明。

2. 测网敷设方法及精度。

3. 取得物探数据的方法技术条件,如所用仪器类型、校正方法、电法勘探中所用装置和极距、中间梯度装置的供电点、自然电位法的总基点、电测深的布极方向等。

4. 数据精度。

5. 制图说明,如图中比例尺大小及局部改变情况,参数剖面图上量值曲线起始线非零时的起始值等。

6. 责任表。

凡物探设计或成果报告的附图,除交通位置图和纯参数图外,均必须有责任表。责任表的大小视图幅而定,一般可绘成长 10 cm、宽 6 cm 的图表。表中内容如表 9-1 所示。

表 9-1　责任表示例

(制图单位)			
(图名)			
拟编		顺序号	
审核		图号	
清绘		比例尺	
技术负责		日期	
队长		资料来源	

下面具体介绍表 9-1 中的相关内容:

(1)制图单位应为单位全称,野外物探队从所属中央或省级单位名称开始。

(2)图名应为全名,与大图名完全一致。

(3)拟编栏的签名,在原图上由拟编者亲签,在印刷原图上由清绘者代签。审核栏和清绘栏由本人亲签。技术负责栏和队长栏由清绘者代签。

(4)正式图件都必须编图号,用阿拉伯数字表示。同一项工作图件统一编号,不得重复,但可不连续。图册只编一个号。

每幅图件都得有顺序号,从阿拉伯数字 1 开始,每幅(册)一号,连续编排。编排顺序应考虑用图的合理顺序,一般是先全面后局部,先小比例尺后大比例尺。

（5）比例尺栏填平面坐标比例尺。

（6）日期栏填清绘完成日期。

（7）资料来源于本单位时填"自测"或"自编"，由外单位收集来的应加以说明，必要时可在技术说明中用文字进行说明。

手工制图时，一般是先绘草图，再绘底图，然后清绘成透明图，最后晒蓝图或复印正式图件。计算机绘图时，直接用绘图仪或打印机绘制正式图件，或再复印正式图件。通常要对图件进行整理，整理的要求包括：图边裁切整齐、方正，图边空宽（从图外要素外侧算起）5 cm 以上。附图折叠成手风琴式，其大小为 19 cm×27 cm，折叠时要注意把图的正面折在里面，责任表在外面。

有关物探图件编制更详细的内容请参阅《物化探图件编制规范》。

第十章　物探报告的编写

物探报告可分为野外物探队向上级部门提交的报告和向委托方提交的报告两类。不同的报告要求不同，向上级部门提交的正式报告要求最全面，向委托方提交的报告则可以简明一些。对于实习报告，不同阶段编写报告的要求和侧重点不同。物探教学与生产实习报告的侧重点在野外工作方法和技术方面，着眼于掌握野外工作技能，并初步学会资料整理、图示及成果解释。而毕业实习的成果报告，则须按向上级部门提交的正式报告要求编写。本章介绍向上级部门提交的正式报告的编写，学生应根据实习内容和不同实习阶段的要求编写相应的报告。

第一节　物探报告的基本要求

一、编写成果报告的意义

物探工作的最终成果都集中表现在报告上，是国家或使用部门对各种相关问题或资源进行远景评估的技术依据。报告质量及其推断成果往往决定着工程的成败，直接与国家建设密切相关。因此，成果报告意义重大，每个物探工作者都必须认真对待。从野外施工开始，就应有计划、有目的地收集积累资料，经常研究技术和资料中的问题，以求获取充分的论据，得出成果报告的结论。

二、成果报告的编写

成果报告编写是在野外工作基本结束之后进行的。报告编写由技术负责人负责，并组织有关人员编写。在编写过程中出现问题，或编写人员持有不同观点时，技术负责人应组织有关人员讨论，集思广益，必要时应进行现场实地勘查，查证问题。

三、成果报告的要求

一般对成果报告有如下要求：

1.必须按设计和有关规范规定的技术要求对成果报告的所有原始资料进行系统检查，并验收合格。报告附图应目的明确、内容完整、清楚醒目、繁简得当、便于使用。

2.报告应结构合理、逻辑性强、文字简练、重点突出、文图并茂。报告中的所有名词、术语、符号、编号、格式必须统一，并符合国家标准。

3.报告要立论严谨、论据充分，观点明确、实事求是，对成绩不夸张，对问题不回避。

4.物探报告由报告文字部分以及附图和附表组成。

第二节　物探报告的主要内容

物探报告可按如下格式书写。

第一章　序言

要求通过对序言的阅读，读者能对报告所涉及的工作进程有一个全面的了解，具体内容如下：

1. 简述设计书规定的本次工作任务及其在国民经济中的地位。

2. 简要说明工作区的交通位置、工作范围、所属行政区划。

3. 介绍物探工作任务完成情况及程度、所投入方法的有效性及取得的主要地质成果、存在的问题。

4. 简述工作过程，包括接收任务及组队日期、开工日期、实际工作时间、设计工作量的改变情况及原因、归队日期及室内工作结束日期。

5. 简述队伍的组织情况及主要的仪器设备。

第二章　地质和地球物理概况

一、区域地质

说明工作地区的大地构造单元、工作地区在区域地质中所处的部位、地层和岩浆岩分布特征。对于矿产物探，还应介绍矿田及矿床的分布情况。

二、测区地质

叙述测区内的构造、岩层，第四纪覆盖层位、厚度、范围、性质和特点，水文地质和工程地质的主要特征。对于矿产物探，还应叙述岩浆作用、矿床成矿规律、矿体形态、共生矿物、围岩蚀变、找矿标志、矿体埋深及开发情况等。

三、地质工作程度

叙述测区及外围的地质工作历史、已完成的主要工作量、已有的几种主要地质图件、对测区地质情况的主要认识。

四、物探工作程度

叙述历年来在该区投入物探工作的单位、施工时间、投入的方法、测网、完成的工作量、质量和所获得的物探异常分布特征、异常验证情况、结论性意见及存在的问题。

五、地球物理特征

列表说明不同岩石（矿石）的物性参数，分析各种地层、构造和其他感兴趣的地质体对各种物探方法观测结果的可能反映，为异常解释推断打下基础。

介绍的地球物理特征应包括前人和本次工作所获得的资料，应说明本单位物性参数测量的方法、精度以及物性参数测量的工作量。

第三章　工作方法技术及质量的评价

主要介绍完成设计任务所采用的具体方法和技术，论述方法的合理性及精度，简要介绍完成的工作量。具体内容有：

一、工作方法

（一）测地工作

报告要简述实施测网布设的过程，内容包括：基线起点放样及施测中与国家控制点的联测方法、精度；基线和测线的施测方法，自行闭合或附合检查精度；基线和测线因地形地物影响而改变原设计的情况；测点距重复观测检查精度（对于进行电阻率法工作尤其重要）；重要的地质标志及物探异常点永久性标志的坐标，以及测区中人工设施和明显地物的说明。

（二）投入的工作方法

1. 投入的各种物探方法及其在解决地质任务中的作用、有效性。

2. 使用的仪器设备种类及各类仪器设备的型号、规格、性能特点。

3. 施工技术，如各种电探方法的装置形式、极距选择、布极方向，声波探测中取样间隔时间，静电α卡法中杯的埋设深度和时间等，还有各种方法的观测方法及重复观测数据的取舍。

4. 保证野外观测质量的措施，如电探中的测站布设、接地条件改善、漏电检查、干扰因素及其压制方法。

二、工作质量的评价

质量评价是对野外数据采集的可靠性及室内计算正确性的估计，通常包括以下内容：

1. 阐述系统检查的总工作量、系统检查点的分布、各种方法系统检查误差的计算公式及计算精度。通常要求对原始观测和系统检查观测数据精度进行说明。若没有达到设计精度，应寻找技术和客观原因，并说明质量问题的影响程度。

2. 原始数据及资料检查验收方法、程序说明。

3. 图件绘制及其质量说明。

4. 总体工作质量的评述，包括完整性、可靠性等方面。

第四章 成果推断解释

本章在物探成果报告中占有十分重要的地位。由于物探本身具有解答不确定性（多解性）的特点，解释工作不易做好。如果解释推断不正确，可能直接影响国家的建设，造成严重损失，因此，每个物探工作者对解释工作均不能掉以轻心。

物探资料的推断解释过程就是把物探资料变成地质资料的过程，应采用定性解释与定量计算相结合、单一方法的独立分析与多种资料的综合分析相结合、物探资料与地质资料相结合的方法进行。进行推断解释的有效途径是从已知到未知，先易后难。

一、定性解释

定性解释就是结合地质资料对物探异常特征进行分析，确定异常的地质性质，并确定异常体的大致形状、走向、倾向、分布范围、埋深等，定性解释的步骤如下。

（一）可靠异常特征的分析和描述

根据异常的平面和剖面形态特征，首先分析异常的可靠性，因为所有进行解释的异常都必须是可靠异常。异常是否可靠取决于观测精度及异常包括的测点数，一般认为可靠异常至少应有 2 个测点出现幅值大于 3 倍均方误差的异常。在此基础上分析异常的特征，即异常的形态、大小、走向、分布范围以及异常的梯度和规律性等，并据此大体确定异常源的产状、大小和埋深。

（二）异常的分类

根据异常特征及空间位置，结合地质资料和其他有关资料，对异常进行分类，说明哪些是有意义的异常，哪些是没有意义的异常（非地质目的物，干扰异常）。

（三）异常的地质解释

根据岩、矿石的物性，并结合地层、构造等地质资料，推断产生异常的地质原因。如果已有资料之间互相矛盾（如不同物探方法资料的推论不一样，物探和地质推论不一样），应进一步收集资料，进行调查研究，要善于从矛盾中发现问题，以求矛盾的统一。经多方工作，矛盾仍不能统一时，应列出各个方面的矛盾，切不可牵强附会，抹杀某一方面的意见。

二、定量解释

定量解释的主要目的是定量计算异常体的产状及埋深。声波探测和地震资料的定量解释还须给出地质体的有关力学性质参数。定量解释一般在定性解释的基础上进行，反过来，定量计算的结果也常常提供了对定性解释有益的信息。

不同的勘探目的对定量解释的要求是不一样的，一般来说，工程勘探对定量解释的要求比矿产勘探和水文勘探更高，但实际工作中，不论勘探目的如何，对各种物探资料均应尽量获取定量（或半定量）解释结果。

不同的物探方法获得定量解释结果的可能性和精度是不相同的。一般来说，声波探测、地震和地质雷达资料较易获得较高精度的定量解释结果。电法资料除水平层电测深资料可进行定量解释外，其他方法资料一般只能进行半定量解释，而且得到的定量解释结果精度较低。

定量解释应选择背景比较平稳、异常明显且形态简单的资料进行。有多条剖面资料可供定量解释时，应选大致通过异常中心的剖面资料进行解释。应注意定量解释的多解性。对于同一种物探方法资料，如果条件允许，应尽可能多选择几种计算方法进行定量计算，综合各种方法的定量计算结果作为最终定量解释结果。对于复杂条件下的异常，有时可通过模型实验方法进行解释。要说明定量解释的方法及其解释结果的精度。

第五章　结论与建议

一、方法的有效性及取得的地质效果

全面总结本区所投入的各种物探方法在解决地质问题上的作用，以及所取得的地质效果。

二、存在的问题和经验教训

指出设计和施工中存在的问题，包括未解决或未得出肯定结论的地质问题及其原因，指出工作中值得注意的经验教训。

三、工作建议

具体提出异常验证和进一步开展地质、物探工作的建议，包括进一步工作的意义、具体任务、施工范围和施工方法。提出进一步工作应注意的问题。对于工程物探，还应提出针对物探所确定的工程地质情况应采取的措施。

作为实习报告，学生应阐述实习中的体会、意见和建议。

四、报告附表

（一）物探工作计划完成情况表

工作量	设计工作量	实际工作量
方法		
比例尺		
测网		
精度		
面积		
剖面长度		
物理点		
条件点		
备注		

（二）物探队组织一览表

职责名称	人数	姓名	职称或级别	备注

（三）主要仪器装备一览表

仪器名称	型号	数量	备注

（四）其他附表

其他附表包括测量成果（总基点，基线端点，异常埋桩点，验证钻孔的 x、y、z 坐标）；物探异常一览表（异常编号、特征、引起异常原因、验证情况）等。

五、报告附图

（一）地质物探综合平面图

（二）各种方法的带有数据的等值平面图

（三）剖面平面图

（四）地质物探综合剖面图（附有推断地质体，如果提出了钻孔验证意见，还应附有钻孔位置）

（五）地质物探工作程度图（图上标明历年来工作范围、面积、测网、投入方法、异常分布情况、本次工作位置）

其他有关质量检查分布、质量对比图、仪器一致性、各种常数测定图件等，不附在报告中，只作为原始资料保管，供审查保管时用。

(六)实习报告封面格式

1. 正封面。

（报告名称）

桂林理工大学
物探实习队

（编写完成日期）

2. 副封面。

（报告名称）

班级
名称
指导教师
实习队长
工作日期　年 月 日
　　至　年 月 日

参考文献

［1］中华人民共和国冶金工业部.地面物化探工作规范［M］.北京：中国工业出版社，1979.

［2］中华人民共和国地质矿产部.直流电剖面法工作规范［M］.北京：中国工业出版社，1964.

［3］中华人民共和国地质矿产部.物探化探规程规范汇编［M］.北京：中国工业出版社，1987.

［4］傅良魁.应用地球物理教程：电法　放射性　地热［M］.北京：地质出版社，1991.

［5］程志平.电法勘探教程［M］.北京：冶金工业出版社，2007.

［6］电阻率剖面法技术规程：DZ/T 0073—2016［S］.

［7］电阻率测深法技术规范：DZ/T 0072—2020［S］.

［8］地面磁性源瞬变电磁法技术规程：DZ/T 0187—2016［S］.

［9］单娜琳，程志平，刘云祯.工程地震勘探［M］.北京：冶金工业出版社，2006.

［10］地面高精度磁测技术规程：DZ/T 0071—1993［S］.

附　录

附录1　电极接地电阻问题

电极接地电阻是指电流从电极表面流出到无限远处时大地所呈现的电阻。若设电极表面的电位为 U_0，流入地中电流为 I，根据欧姆定律，则：

$$R = \frac{U_0}{I} \tag{附-1}$$

接地电阻可分为 AB 供电电极的接地电阻和 MN 测量电极的接地电阻。AB 接地电阻的大小原则上不影响视电阻率和视极化率的观测精度，但 AB 接地电阻过大，会使供电电流 I 变小，并使 ΔU_{MN} 变小，因而增大观测误差。因此在实际工作中，总是希望尽量减小接地电阻，以有效提高电流的有效功率。MN 接地电阻对高阻抗输入仪器，如 DDC-2 型仪器，通常不影响观测精度。但当 R_{MN} 增大时，会削弱自动补偿效果，使过渡时间延长，而当 MN 接地电阻很大时，电表指针运动会变得缓慢，直接影响 ΔU_{MN} 的观测精度。同时接地电阻增大，漏电造成的影响也增大。

野外测量接地电阻的方法：

在野外工作中，通常直接用万用电表电阻挡测量 R_{AB} 和 R_{MN} 接地电阻（包括导线电阻）。使用万用电表测量接地电阻时必须注意，由于大地存在自然电场，电极接地又存在电极电位，两者电流方向与万用电表电池电流方向一致时，所观测到的接地电阻减小；而电流方向相反时，所观测到的接地电阻增加。所以测量两个电极的接地电阻的正确方法是，先测量一次，电表正负笔对调后再测量一次，取两次读数的平均值，即为两个电极的接地电阻。

对于供电电极的接地电阻 R_{AB}，也可在供电过程中，量出电源端电压 U 及电流 I 后进行计算获得，则：

$$R_{AB} = \frac{U}{I} \tag{附-2}$$

附录2　漏电检查与处理

1. 在野外进行自然电场后、电阻率法、激发极化法工作时，都应该进行漏电检查，以确保工作质量。

2. 每条剖面或电测深点，除开工及收工时应对 AB、MN 线路进行一次全面漏电检查外，工作过程中也应经常进行检查。在气候干燥时，平均每隔10小时检查一次，在气候潮湿或导线通过潮湿地区时，每隔 5 小时检查一次。遇到突变点或有怀疑的异常时，也应进行漏电检查。

3. 供电线路的漏电检查：分别断开 A 或 B（不能同时断开）接地电极，采用工作电压供电，测量 M、N 间的漏电电位，其大小不允许超过观测电位（接通时）的 2%。若超过 2%，应采取措施改善后再开展工作。

在低阻地区工作时，除检查漏电电位以外，还应观测 AB 线路中的漏电电流，其总和不允许超过供电电流的 1%。

采用充电法或联合剖面法观测时，开工前应检查无穷远极的漏电情况。检查时不必在埋设电极的地方断开线路，只需在离测区 200 m 以外的地方断开有接头的导线进行检查即可。

当使用发电机作为电源时，为确保发电机的安全，必须改变供电电极的接地电阻，使供电电流强度改变 25% 以上，前后两次测得的视电阻率误差不允许超过 4%，以此检查漏电情况。

4. 测量线路 M 或 N 的漏电检查：分别断开 M 或 N（不能同时断开），A、B 供电，测得的漏电电位不允许超过接通时的 2%。

5. 电池箱的漏电检查：测量电极 M 或 N 靠近电池箱时要进行电池的漏电检查。改变供电极性进行读数，两次测得的视电阻率误差不允许大于 4%。

6. 测量仪器的漏电检查：在 MN 接线柱上接上一个相当于当时测量线路接地电阻大小的电阻，AB 采用工作电压供电，测量电阻上的漏电电位不允许大于 0.1 mV。否则仪器要进行干燥处理。

7. 配电盘（即接线面板）的漏电检查：AB 供电，将 MN 线路先后连接在配电盘上和直接连接在仪器的 MN 接线柱上，各测一次电流和电位差，算出两个视电阻率，相对误差不允许超过 4%。

8. 采用充电法或使用中梯装置时，AB 线路的漏电检查仅在铺设供电导线的测线上进行，其他测线只需检查 MN 线路的漏电情况。

9. 采用电位法进行自然电位观测时，每隔 10~20 h 检查一次漏电。方法是：断开接地电极，并将导线从仪器上断开，然后用兆欧表检查（不断开导线进行检查会烧坏仪器），一般应大于 50 MΩ；若没有兆欧表，则断开流动电极的连接导线，观测漏电电位，不允许大于 1 mV。

10. 为了减少电源漏电的影响，测站不宜摆在测线上。电池箱下面应垫上足够的绝缘材料。当使用发电机作为电源时，发电机及整套整流设备也应垫上胶皮或塑料布，并放在供电电极附近或离电线 100 m 以上的地方。

11. 当发现漏电时，如果造成的漏电因素也可能影响已观测的测点，则应返回检查及重复观测。

12. 所有漏电检查情况都应记录在记录本上，并在备注中加以说明，作为评价野外工作的一项依据。

附录 3　浅层地震勘查技术规范摘要

一、应用领域

（一）工程、水文、环境地质调查

1. 测定覆盖层厚度及基岩面起伏形态。
2. 测定基岩岩性及风化层厚度变化。
3. 测定隐伏断层、裂隙破碎带的位置、宽度及展布方向。
4. 测定砾石层中潜水面深度和地下含水层分布。
5. 探测岩溶及地下洞穴。
6. 划分松散沉积地层层序。
7. 滑坡、塌陷等地质灾害调查。
8. 地质填图。
9. 地基基础检测和岩土弹性力学参数测定。

（二）区域和场地稳定性调查及评价

1. 进行岩体及场地土分类。
2. 计算场地卓越周期。
3. 判定砂土液化势。
4. 场地土地震效应分析和反应谱计算。
5. 地震烈度小区划工作中局部构造的调查。

（三）能源、矿产地质调查及其他

1. 浅层油气和煤田的勘查和开发。
2. 铀矿床勘查。
3. 地热资源勘查。
4. 金属与非金属矿床勘查。
5. 建筑材料资源勘查。
6. 油气地震勘探中低速带和降速带测定。
7. 古代遗存及地下埋设物探测等。

二、应用方法及探测能力

进行浅层地震勘探工作设计时，应根据各方法的探测能力、地球物理前提和使用条件，合理选用适用的折射波法、反射波法、直达波法和瑞雷面波法。

各种方法在层状和似层状介质条件下应用，可得到较好的效果，而在地质构造复杂、弹性波激发接收条件差、振动干扰大的地区，应用效果变差，甚至难以达到预期效果。

三、野外工作

1. 严禁用脚踏、敲击等方式安置检波器。

2. 检波器与仪器之间的连接电缆(大线)绝缘电阻应大于 200 kΩ。收、放和运输大线时,应将插头盖好,严禁拖拉大线插头。

3. 生产前应进行以下试验工作:了解工区有效波、干扰波情况;选择激发、接收方式和条件,确定最佳观测系统的仪器工作因素。

4. 工区有效波和干扰波宜采用展开排列法。展开排列长度一般为实际记录排列长度的4~6 倍,检波点道间距应小于实际工作的道间距。仪器工作因素的选择应以尽可能接收到各种波的信息为原则。

5. 检波器的埋设位置应准确,由于条件限制不能埋置在原设计点时,沿测线方向移动不得超过 1/10 道间距,垂直于测线方向移动不得超过 1/5 道间距。

6. 检波器应与地面接触良好,安置牢固,埋置条件力求一致。

检波器埋置在稻田、沼泽、浅滩时,应防止漏电;检波器安置在水泥或沥青路面时,应用橡皮泥、黄油或熟石膏等牢固黏于地面或采用铁靴装置安置,每个铁靴的重量宜大于检波器重量的 10 倍,以保证耦合良好;检波点位于干砂、砂石、虚土堆时,安置检波器应挖坑并压实;对检波器周围的杂草、小旗等易引起检波器微动之物应加以清除。风力过大时检波器应挖坑深埋;检波器与电缆连接极性应正确,防止漏电、短路或接触不良等故障。

四、数据处理

(一)折射波法

1. 应根据以下特征进行波的对比:
(1)各记录道的波形、振幅及振动延续度的相似性特征;
(2)相位一致性和同相轴延伸长度特征;
(3)追逐炮记录同相轴的平行特征;
(4)波的对比可采用单相位或多相位,在断裂发育区宜采用多相位对比。

2. 应根据以下特征确定波的置换位置:
(1)视速度变化;
(2)波形和振幅变化;
(3)两组波相交波形叠加特征。

3. 读取初至时间时应注意以下几点:
(1)可利用原始记录读取波的初至时间,也可在回放的监视屏上读取波的初至时间;
(2)直接读取初至时间有困难时,可以读取初至波的极值时间,但应求取相位校正量,进行初至校正;
(3)在波的干扰或置换位置,应分析波的叠加情况后正确读取初至时间。

4. 互换道、连接道波的对比,应根据波的旅行时间和波的动力学特征进行。

5. 时距曲线应按以下规定绘制:
(1)比例尺:横向比例尺为 1∶2000 至 1∶500;纵向比例尺 1 cm 等于 5~20 ms。

(2)沿横轴除应标明距离外,还应在对应检波点位置标上桩号,在对应激发点位置标上炮序号。

(3)不同方向的时距曲线用不同符号(或不同颜色)绘制。两相邻点用直线连接。

6.绘制综合时距曲线图时,应根据解释方法的要求,进行必要的校正,包括地形高程校正、激发点深度校正、测点和激发点偏移校正、表层低速带校正等。校正后综合时距曲线的互换时间不得超过 5 ms。

7.时距曲线中个别道出现走时突变时,应对照相同地段的相遇或追逐时距曲线走时情况,或根据记录中的有关说明,查明突变原因,必要时进行修正。

(二)反射波法

1.绘制观测系统图应符合下列要求:

(1)观测系统图必须绘制在厘米计算纸上,图上的桩号和炮号均由左至右增大。空炮和废炮也应统一编号。不正常道、死道、反极性道应分别在图上标明。

(2)观测系统图上应注明施工方法、测线长度;起始和结束炮应注明道号;剖面经过的地物标志应在图上标明。

2.应根据原始资料和任务要求,拟定处理流程,通过对比试验确定主要处理参数。

五、资料解释

(一)折射波法

1.进行资料解释前应对速度资料进行整理分析。选择速度参数时的注意事项如下:

(1)由于近地表速度的不均匀性,地层平均速度(或有效速度)发生变化时,应先进行地表速度校正。

(2)用折射波时距曲线交点法求取的有效速度参与解释时,应分析所测速度的精度,并应尽量利用测区内反射波法测定的速度和地震测井的速度资料,与折射波法测定的速度进行综合分析。

(3)同一测线横向速度变化大时,应计算沿测线速度变化曲线,并参与深度解释。

2.一般应用相遇时距曲线求取界面深度和速度。

3.地面较平坦、折射界面起伏较大、界面速度又明显不均匀时,宜采用哈莱斯法或时间场法。

4.对多层不均匀地层或具有特殊结构的地层,宜采用多种计算解释方法和正演拟合计算方法求解,以提高解释精度和求解的可靠程度。

5.对折射波资料进行计算解释后,应针对任务所提出的地质问题,在分析测区内有关地质、钻探及其他物探资料的基础上,作出地质解释。

6.地震剖面图或地震构造图应符合下列要求:

(1)地震剖面图应包括时距曲线图、解释辅助线图[如 t_0-差数时距曲线法的 $t_0(x)$ 线或 $\theta(x)$ 线、哈莱斯法的哈莱斯线、时间场法的时间场图]、深部剖面图等。各图件横坐标应一致,深度剖面纵比例尺可适当加大。

(2)地震构造图有基岩面等高程图、覆盖层厚度图、目的层厚度图和界面速度分布图等。

根据任务要求,可绘制其中部分图件作为成果的最终图件。等线距应大于两倍的观测误差,速度分布中的速度差值应大于速度测量精度的 2.5 倍。

7. 地震–地质解释图件应符合下列要求:

(1)地震地质剖面图上应标明地震界线和地质界线的对应关系,并用不同线条表示。剖面线上若有钻孔则应有相应的钻孔柱状图。

(2)地震地质平面图上应标明地质界线和解释的构造线,并应将测线及其序号、钻孔位置及其孔号和主要地形地物标在图上。

(二)反射波法

1. 叠加时间剖面或等偏移时间剖面是反射波资料解释的基本图件。应依据剖面图,采用钻孔资料或地质资料进行对比分析,确定地质层位和地震波组关系。选取与勘查目的层位对应的波组进行对比、追踪,获得目的反射层变化情况。

2. 时间剖面解释应包括以下内容:

(1)确定主要地质层位与反射层位的关系。

(2)确定地层厚度变化与接触关系。

(3)划分断层或破碎带。

(4)确定其他地质现象。

3. 对剖面中的波组分叉、合并、中断、尖灭等现象要进行精细分析,尽可能得出这些变化与地层变化的关系,从而获得地层厚度、岩性横向变化及构造情况。

4. 将时间剖面通过时深转换处理获得深度剖面。剖面图上应标明测线号、桩号、测线方位、钻孔位置及主要地物标志。尽可能将钻孔分层的数据反映在剖面上。

5. 对面积性地震勘探任务还应制作等深度或等 $T0$ 图,并标出断层构造线平面展布情况。制作平面图时,等值线距应大于 2.5 倍的观测误差,深度闭合差应小于等值线距的 1/3。

图书在版编目（CIP）数据

勘查技术与工程专业（物探方向）实习指导书／李静和
等编著. --长沙：中南大学出版社，2025.2.
ISBN 978-7-5487-6077-1

Ⅰ. P631-45

中国国家版本馆 CIP 数据核字第 2024TD6890 号

勘查技术与工程专业（物探方向）实习指导书
KANCHA JISHU YU GONGCHENG ZHUANYE（WUTAN FANGXIANG）SHIXI ZHIDAOSHU

李静和　程　勃　张　智　欧东新
王洪华　丁彦礼　区小毅　　编著

□出 版 人	林绵优	
□责任编辑	刘小沛	
□责任印制	唐　曦	
□出版发行	中南大学出版社	
	社址：长沙市麓山南路	邮编：410083
	发行科电话：0731-88876770	传真：0731-88710482
□印　　装	广东虎彩云印刷有限公司	

□开　　本	787 mm×1092 mm 1/16	□印张 6.5	□字数 162 千字
□版　　次	2025 年 2 月第 1 版	□印次 2025 年 2 月第 1 次印刷	
□书　　号	ISBN 978-7-5487-6077-1		
□定　　价	32.00 元		